供热工程施工技术与建筑项目管理

武常习　刘志光　主编

黑龙江科学技术出版社

图书在版编目（CIP）数据

供热工程施工技术与建筑项目管理 / 武常习，刘志光主编 . -- 哈尔滨：黑龙江科学技术出版社，2022.4（2025.10 重印）
ISBN 978-7-5719-1316-8

Ⅰ.①供… Ⅱ.①武… ②刘… Ⅲ.①供热系统－工程施工②建筑工程－项目管理 Ⅳ.① TU83 ② U71

中国版本图书馆 CIP 数据核字 (2022) 第 039894 号

供热工程施工技术与建筑项目管理
GONGRE GONGCHENG SHIGONG JISHU YU JIANZHU XIANGMU GUANLI

作　　者　武常习　刘志光
责任编辑　陈元长
封面设计　徐逍逍
出　　版　黑龙江科学技术出版社
地　　址　哈尔滨市南岗区公安街 70-2 号　邮编：150001
电　　话　（0451）53642106　传真：（0451）53642143
网　　址　www.lkcbs.cn　www.lkpub.cn
发　　行　全国新华书店
印　　刷　三河市元兴印务有限公司
开　　本　787mm × 1092mm　1/16
印　　张　8.5
字　　数　126 千字
版　　次　2022 年 4 月第 1 版
印　　次　2025 年10月第 3 次印刷
书　　号　ISBN 978-7-5719-1316-8
定　　价　50.00 元

内 容 简 介

随着我国基础建设行业的蓬勃发展，有关供热工程领域技术与管理的研究也越来越多。本书主要介绍了供热管网与管道布设、集中供热系统方案、供暖散热设备与附属设备等内容，对建筑项目资源管理、建筑项目进度与质量管理方面的知识进行了仔细的梳理和分析。

前　言

供热工程涉及百姓的生活质量，是国家重要的工程领域。在供热工程中，供热管网与管道布设、绝热与防腐等技术都很重要，科学的供热工程技术给大气带来的污染非常少，有利于提高人民的生活水平。先进的供热管网系统技术可以使燃料充分燃烧并且减少烟尘的排放量，热能的利用效率也随之提高，所以它逐渐取代了分散式燃煤锅炉房供热，为大气环境保护做出了一定贡献。

在项目管理的过程中，主要的对象是项目，项目管理需要用系统的理念和方法进行操作，并在一定的规律性和科学性的基础上实现管理和操作。在建筑施工项目的生产过程中，主要生产要素包括机械设备、机械材料、劳动力、资金及技术等，这些要素之间都有着明确的相关性和集合性，并且环境的适应性和目的性也比较强。在建筑工程项目管理的过程中，建筑工程的管理人员面临专业化、信息化、系统化及国际化的局面，要认清建筑工程项目管理在建筑工程项目开展过程中的重要性，为了保证建筑工程能够满足业主的需求，需要不断提高工程项目管理的水平。

本书对供热工程施工技术与建筑项目管理的相关领域知识进行了仔细的梳理和分析，希望本书可以为从事相关行业的读者提供一些有益的参考和借鉴。

目　录

第一章　供热管网与管道布设

第一节　供热管网的布置与敷设

一、供热管网的平面布置形式

在集中供热系统中，供热管道把热媒从热源输送到热用户，是连接热源和热用户的桥梁。供热管道遍布整个供热区域，分布形状如同一个网络，所以工程上常把供热管道的总体称为供热管网，也称热力管网。供热管网的类别很多：根据管网的形式不同，供热管网分为枝状管网和环状管网；根据热媒的不同，供热管网又分为热水管网和蒸汽管网。热水管网多为双管式，既有供水管，又有回水管，供回水管并行敷设。蒸汽管网分为单管式管网、双管式管网和多管式管网。单管式管网只有供汽管，没有凝结水管；双管式管网既有供汽管，又有凝结水管；多管式管网的供汽管和凝结水管的数量均在一根以上，按热媒压力等级的不同分别输送。目前，为了满足环保和节能方面的要求，大中城市普遍采用一级管网和二级管网联合供热。一级管网是连接热源与区域换热站的管网，又称为输送管网；二级管网以换热站为起点把热媒输送到各个热用户的热力引入口处，又称为分配管网。

枝状管网和环状管网是热力管网最常见的两种形式。在采用多热源联网供热的情况下，一级管网可布置成环状管网，二级管网基本上都是枝状管网。枝状管网形式简单、造价低廉，运行管理比较方便。它的管径随着和热源距离的增加而减小。其缺点是没有供热的后备性能，当管路上某处发生事故时，在损坏地点以后的所有用户供热均被切断。环状管网的主要优点是具有后备性能，但它的钢材耗量比枝状管网大得多。

在实际情况下，如果设计合理、施工到位、操作维修正确，则热网均能够无故障地运行，所以在一般情况下均采用枝状管网。当对供热系统的可靠性要求特别严格时，如某些化工企业，在任何情况下都不允许中断供汽，除可以利用环状管网外，广泛采用复线的枝状管网，即采用两根供汽管道，每一根供汽管道的输送能力按最大用汽量的 50 % ～ 75 % 来设计。这样一旦发生事故，就可以通过提高蒸汽的初压，使通过一根管道的汽量仍保持为所需汽量的 90 % ～ 100 %。

二、供热管网的平面布置

供热管网设计过程中，先要确定热源和用户之间的管道走向和平面位置，即管道定线。定线是一项重要而且需要一定经验的工作，要根据城市或厂区的总平面图和地形图，供热区域的气象、水文和地质条件，地上、地下构筑物（如公路、铁路、地下管线、地下设施等），供热区域的发展规划等基础资料做全面考虑。具体说来，供热管线按下述原则确定。

（1）经济上合理。供热管网的主干线尽量通过热负荷集中的地区，力求管线短而直。管路上设必要的阀门（分段阀、分支管阀、放气阀、泄水阀等）和附件（补偿器、疏水器等）。做地上敷设时，阀门应放在支架上；而做地下敷设时，阀门应设置于检查井内。但应尽可能减少检查井的数量，尽量避免管线穿越铁路、交通主干道和繁华街道。如果条件允许，则可考虑供热管道和其他管道（如给水管线、煤气管线、电气管线等）共同敷设。这样做可降低市政建设总投资，方便管理和维修。

（2）技术上可靠。供热管道的线路要尽可能通过地势平坦、土质好、地下水位低的地区，还要考虑能迅速消除可能发生的故障与事故、维修人员工作的安全性、施工安装的可行性等因素。

在城市居住区，供热管道通常敷设在平行于街道及绿化带的工程管路区内，只有在极特殊情况下才可把供热管道敷设在人行道和车行道下面。

地下管道尽量远离电力电缆、涝洼区和污染区，以减少管道腐蚀。供热管道在敷设过程中可能出现与其他管道（给水管道、排水管道、煤气管道等）、电缆（电力电缆、通信电缆等）、各种构筑物发生交叉和并行的现象。为确保管线敷设，避免或减少其相互间的影响和危害，地下敷设管道的管沟或检查井的外缘，直埋敷设或地上敷设管道的保温结构表面与建筑物、构筑物、铁路、道路电缆、架空电线和其他管道的最小水平净距应符合规定。

（3）注意对周围环境的影响。供热管道敷设完毕后，不仅不能影响环境美观，还要与各种市政设施协调好，不能妨碍市政设施的功用。

当然，在实际设计和施工的过程中，不可能把所有影响因素均加以考虑，但要尽可能抓住关键的影响因素。定线的原则一经确定，就可以开始绘制施工平面图。在平面图上要标出管线的走向，管道相对于永久性建筑物的位置和管道预定的敷设方式，然后根据负荷计算并选定各计算管段的管道直径，确定固定支架、补偿器、阀门和检查井的位置和型号。

供热管道的敷设方式可分为地下敷设和地上敷设两种。地下敷设又分直埋敷设和地沟敷设两类。直埋敷设是将管道直接埋在地下的土壤内，而地沟敷设是将管道敷设在地沟内。地上敷设是将管道敷设在地面上的一些支架上，又称架空敷设。

三、直埋敷设

直埋敷设是一种直接埋设于土壤中的形式，既可缩短施工周期，又可节省投资。

供热管道在直埋敷设时，由于保温结构与土壤直接接触，对保温材料的要求较高，应具有导热系数小、吸水率低、电阻率高、有一定机械强度等性能。目前，国内使用较多的保温材料有硬质聚氨酯泡沫塑料、聚异氰脲酸酯泡沫塑料、沥青膨胀珍珠岩等几种。保温材料外边的防水层，常用的有聚乙烯管（硬塑）保护层、玻璃钢保护层等。

保温结构可以预制，也可以现场加工，按保温结构和管子的结合方式分类，有脱开式保温结构和整体式保温结构两种。脱开式保温结构是在保护层与管壁间先涂一层易软化的物质，如重油或低标号沥青等，当管道工作时，所涂物质受热熔化，使得管子可在保温层内伸缩运动。目前多采用整体式保温结构，即保温结构与管子紧密黏合，结成一体。当管道发生热伸缩时，保温结构与管道一起伸缩。这样一来，土壤对保温结构的摩擦力极大地约束了管道的位移，在一定长度的直管段上，就可不设或少设补偿器和固定点。整个管道仅在必要时设置固定墩，并在阀门、三通等处设补偿装置和检查小室。混凝土强度等级采用 C20。为使管道坐实在沟基上，减轻弯曲应力，管子下面通常垫 100 mm 厚的砂垫层，管道安装后，再铺 75 ～ 100 mm 厚的粗砂枕层，然后再用细土回填至管顶 100 mm。如果细土回填用砂子替代，则受力效果更为理想，再往上可用沟土回填。

四、地沟敷设

地沟敷设可保证管道不受外力的作用和水的侵蚀，保护管道的保温结构，并能使管道自由地伸缩。地沟的构造，较经济的形式是钢筋混凝土的沟底板、砖砌或毛石沟壁、钢筋混凝土盖板。如果有特殊要求或经济允许，也可采用矩形、椭圆拱形、圆形的钢筋混凝土地沟。

在结构上，无论对哪种地沟，都要求尽量做到严密不漏水。当地面水、地下水或管道不严密处的漏水侵入地沟后，会破坏管道保温结构，使管道遭受腐蚀。一般要求将沟底设于当地最高水位以下，并在地沟壁内表面做防水砂浆粉刷。地沟与盖板之间、盖板与沟壁之间应用水泥砂浆或沥青勾缝。需要注意的是，尽管地沟是防水的，但含在土壤中的自然水分会通过盖板或沟壁渗入沟内，蒸发后使沟内空气饱和，当湿空气在沟内壁面上冷凝时，会产生凝结水，并沿壁面下流到沟底。因此，地沟应有纵向坡度，以使沟内的水流入检查室内的集水坑内，地沟的坡度和坡向与管道的坡度和坡向相同，坡度不小于 0.002。

如果地下水位高于沟底，则须采取防水或局部降低地下水位的措施。常用的防水措施是在地沟外壁面做沥青卷材防水层。局部降低地下水位的方法是在地沟基础下部铺设一层厚砂砾，在砂砾层内的地沟底板下 0.2 m 处铺设一根或两根直径为 100 ～ 200 mm 的混凝土排水滤管，管上有为数众多的小孔。每隔 50 ～ 70 m 设一个检查集水井，再从井内将水排出，使管沟处的地下水位降低。下面分别介绍通行地沟、半通行地沟和不通行地沟。

（一）通行地沟

人员在通行地沟内可自由通行，可保证检修、更换管道和设备等作业。其土方量大，建设投资高，仅在特殊或必要场合采用。

通行地沟的净高不小于 1.8 m，人行通道的净宽不小于 0.7 m。沟内两侧可安装管道，地沟断面尺寸应保证管道与设备检修和更换管道的需要。通行地沟每隔 100 m 应设一个人孔。整体浇筑的钢筋混凝土通行地沟，每隔 200 m 应设一个安装孔。安装孔的长度应保证 6 m 长的管子进入地沟，宽度为最大管子的通行地沟应有自然通风和机械通风设施，以保证检修时沟内温度不超过 40 ℃。为保证运行时沟内温度不超过 50 ℃，管道应有良好的保温措施。沟内应有照明设施，照明电压应高于 36 V。

（二）半通行地沟

为降低工程造价，也可采用半通行地沟。半通行地沟的断面尺寸依据工人能弯腰行走并进行一般维修工作的要求而定。地沟净高为 1.2 ～ 1.4 m，人行通道净宽为 0.5 ～ 0.7 m。半通行地沟应每隔 60 m 设一个检修口。

（三）不通行地沟

不通行地沟的造价较低、占地较小，是城镇供热管道经常采用的地沟敷设形式。其缺点是管道检修时必须掘开地面。

五、架空敷设

架空敷设不受地下水位的影响，使用寿命长，管道坡度易于保证，所需的放水、排气设备少，运行时维修检查方便；施工时只有支撑结构基础的土方工程，土方量小，是一种比较经济的敷设方式。其缺点是占地面积较大，管道损失较大，在某些场合不够美观。

架空敷设适用于地下水位高、年降水量大、地下土质为湿陷性黄土（自重作用下浸水引起土壤塌陷值不超过 50 mm）或腐蚀性土壤，或者地下敷设必须进行大量土石方工程的地区。当有其他架空管道时，可考虑与之共架敷设。在寒冷地区，若因管道散热量过大，热媒参数无法满足用户要求，或因管道间歇而采取保温防冻措施，造成经济上不合理时，则架空敷设不适用。

架空敷设按支撑结构高度的不同，分为低支架敷设、中支架敷设和高支架敷设。

（一）低支架敷设

管道保温层外壳底部距地面净高不低于 0.3 m，以防雨、雪的侵蚀。低支架敷设因轴向推力不大，可考虑用毛石或砖砌结构，以节约成本、方便施工。在不妨碍交通，不影响厂区、街区扩建的地段可采用低支架敷设，此时最好是沿工厂的围墙或平行于公路、铁路来布线。

（二）中支架敷设

中支架敷设保温结构底部距地面的净高为 2.5 ～ 4.0 m。中支架敷设常用钢筋混凝土现浇结构或钢结构。在行人来往频繁，需通行大车的地方可采用中支架敷设。

（三）高支架敷设

管道保温结构外表面距地面净高为 4.5 ～ 6.0 m，在跨越公路或铁路时采用。高支架也常用钢筋混凝土现浇结构或钢结构。

架空敷设根据支架承受荷载性质的不同，又可分为固定支架敷设和活动支架敷设两类。固定支架敷设可将管道牢牢固定，使之不产生位移。固定支架承受管道本身、管道内介质和保温结构的重力及水平方向的推力。活动支架敷设承受管道本身、管中热媒、保温结构重量，以及由于温度升降出现热胀或冷缩所产生的水平摩擦力。

第二节　供热管道的绝热与防腐

供热管道及其附件保温的主要目的在于减少热媒在输送过程中的热损失，节约燃料，保证操作人员的安全，改善劳动条件。热水管网即使有良好的保温效果，其热损失仍占总输送热量的 5 % ～ 8 %，蒸汽管网热损失占 8 % ～ 12 %。保温结构的费用占热网总费用的 25 % ～ 40 %，因此保温是管网施工和设计中一项非常重要的工作。

一、常用管道绝热材料的种类和性能

保温材料应具有热导率小、密度小、有一定机械强度、吸湿率低、抗渗透性强、耐热、不燃、无毒、经久耐用、施工方便、价格便宜等特点。当然，任何一种绝热材料都不可能具有上述所有特点，这就需要根据具体保温工程情况，优先考虑材料的性能、工作条件、施工方案等因素进行选用。

目前，绝热材料的种类很多，新型绝热材料的研制也在不断创新，且各厂家生产的同一种绝热材料的性能也各有差异。因此，在选用时应注意参考厂家产品样本，以及使用说明书给定的技术数据。保温层的厚度，一般可参照相关标准图集提供表格直接查出。较特殊保温结构的保温层厚度应在做详细计算后确定。

二、管道保温材料经济厚度的确定

供热管道热力计算的任务是计算管路散热损失、供热介质沿途温度、管道表面温度及环境温度，从而确定保温层厚度。在工程设计中，管道保温厚度通常按技术经济分析得出的“经济保温厚度”来确定。所谓经济保温厚度，是指考虑管道保温结构的基建投资和管道热损失的年运行费用，通过这两个因素，折算得出在一定年限内其“年计算费用”为最小值时的保温层厚度。供热管道的散热损失可以根据传热学的基本公式进行计算。供热管道的敷设方式不同，其计算方法也有所差别。现仅对其中较常见的直埋敷设管道散热计算方法加以介绍。直埋敷设管道在计算管道散热损失时，需要考虑土壤的热阻。

三、管道防腐与保温的做法与技术要点

管道绝热结构一般由防锈层、保温层、保护层和防腐层组成。防锈层的材料多为防锈漆涂料或沥青冷底子油，直接涂刷于干燥洁净的管道表面上，以防止金属受潮后产生锈蚀。绝热层在防锈层的外面，是绝热结构的主要部分，所用材料为设计选定的绝热材料，用来防止热量的传递。保护层在绝热层的外面，常用的材料有玻璃丝布、油毡纸玻璃丝布、金属薄板等，其作用是阻挡环境和外力对绝热材料的影响，延长保温结构寿命。绝热结构的最外面是防腐层，一般采用耐气候性较强的涂料直接涂刷在保护层上。防锈、防腐所用的油漆涂料，可用手工喷涂、空气喷涂等方法施工。下面主要介绍几种常见的绝热层和保护层的施工方法。

（一）硬质泡沫塑料保温

用硬质泡沫塑料保温较常见的方式是用硬聚氯乙烯管作为保护层，即硬塑保护层。

用硬塑保护层预制保温管，是使发泡液在两端头封闭的塑料套管与绝热管道之间的空间发泡，最后硬化，将管道、绝热材料、保护层三者牢固地结为一体，形成“管中管”式的整体式绝热结构。发泡液是用两种液态物质加入催化剂、发泡剂和稳定剂等原料调配而成的。例如，聚异氰脲酸酯硬质泡沫塑料的发泡液就是用异氰脲酸酯和多元醇按比例调配而成的。硬质聚氨酯泡沫塑料是由聚醚和多异氰酸酯按比例配制而成的。发泡液的特点是与空气接触 0.5 ～ 1.0 分钟后，分子间距增大，体积开始膨胀，俗称发泡现象。发泡保温前应将管子表面处清理干净，不得有污物、油脂和铁锈等，把无缝硬塑外壳套在钢管上，硬塑管内径根据钢管外径及所需保温层而定。一般情况下，绝热层的厚度为 30 ～ 50 mm，将高度等于绝热厚度

的硬泡垫块十字对称塞在两管的环缝之中，使两管中心保持同轴，然后把环缝两端封堵上。每个封堵上留有一个圆孔，位于平置管子的上部，将调制好的发泡液从封堵上的圆孔注入两管间的环缝中，液体在环缝内膨胀发泡，充满整个环形空间，并牢固地附着在钢管表面和硬塑壳的内壁上。注完发泡液后，用带有微型排气孔的塞堵将两端圆孔堵上，这时环缝内部的发泡还在继续，使得固定体积空间内发泡物质的密度不断增大，直到注入液体完全膨胀为止。发泡温度最好为 20 ～ 25 ℃，当发泡温度低于 15 ℃时，应将管道事先预热。发泡后的保温管需放置一段时间，在泡沫凝聚、固化，达到密实度和强度要求后，把管两端的封堵取下来。上述过程一般都在工厂预制中完成。

（二）预制绑扎法

预制绑扎法适用于预制的绝热瓦、板材及管壳类绝热制品，用镀锌钢丝将其绑扎在管道的防腐层表面上。

预制瓦块是在工厂预制的半圆形或扇形的保温瓦块。预制瓦块的长度一般为 300 ～ 600 mm，安装时为了使预制瓦块与管壁紧密结合，瓦块与管壁之间应涂一层石棉粉或石棉硅藻土等调和成的胶泥。当绝热材料为矿渣棉、玻璃棉、岩棉等矿纤材料预制品时，可不涂胶泥，直接绑扎。因矿纤材料预制品具有弹性，可将管壳紧紧套在管道表面上。绑扎在两块绝热材料之间的接缝应尽量减小，不能用胶泥抹缝。而对非矿纤材料预制品的所有接缝均应用石棉粉或石棉硅藻土等配成的胶泥填缝。

绑扎材料时，应将横向接缝错开，如为管壳，则应将纵向接缝设置在管道的两侧。一层保温制品的厚度不能满足要求时，可采用双层或多层结构，分层分别用镀锌钢丝绑扎，内外接缝要错开。绑扎用的镀锌钢丝直径一般为 1.0 ～ 2.0 mm，绑扎间距为 250 ～ 300 mm，且每块制品至少要绑扎两圈钢丝，绑扎接头应嵌入接缝内。

（三）缠包捆扎法

当采用玻璃棉毡、矿渣棉毡、岩棉毡及其制品作为绝热材料时，可将棉毡缠包在管子上，再用镀锌钢丝捆扎，称为缠包捆扎法。施工时，先将管子的外圆长加上搭接宽度把保温棉毡剪成纵向长度适当的条块，再将其缠包在管子防锈层的外面。当缠包一层棉毡达不到要求厚度时，可增加缠包层数，直到达到要求的厚度为止。棉毡的横向接缝必须紧密结合，如有缝隙，则应用同质的棉毡材料填缝。棉毡的纵向接缝应放在管子的顶部，可按保温层外径选择，保温层外径为 50 ～ 300 mm，在棉毡外面用直径 1.0 ～ 1.4 mm 的镀锌钢丝捆绑，捆绑的间距为 150 ～ 200 mm。当绝热层外径大于 500 mm 时，还应用网孔为 30 mm × 30 mm 的镀锌钢丝网缠绕，再用镀锌钢丝扎牢。

第二章　集中供热系统方案

第一节　集中供热方案的确定与集中供热的基本形式

一、热媒种类的确定

集中供热系统的热媒种类主要包括热水和蒸汽，应根据建筑物的用途、供热情况及当地气象条件等，经技术经济比较后选择确定。

（一）以热水作为热媒具有的优点

（1）热水供热系统的热能利用率高。由于在热水供热系统中没有凝结水和蒸汽泄漏，以及二次蒸汽的热损失，因此热能利用率比蒸汽供热系统高，可节约 20 % ～ 40 % 的燃料。

（2）以水作为热媒的供热系统，可以改变供水温度来进行供热调节（质调节），既能减少热网热损失，又能较好地满足卫生要求。

（3）热水供热系统的蓄热能力高，由于系统中水量多，水的比热大，因此在水力工况和热力工况短时间失调时，也不会引起供暖状况的很大波动。

（4）热水供热系统可以远距离输送，供热半径大。

（二）以蒸汽作为热媒具有的优点

（1）以蒸汽作为热媒的供热系统适用面广，能全面满足各种不同热用户的要求，特别是生产工艺用热，大都要求以蒸汽作为热媒。

（2）在蒸汽供热系统中，以蒸汽作为热媒，汽化热很大，当输送相同的热量时所需流量较小，所需管网的管径较小，节约初期投资；同时，蒸汽凝结成水的热容量较小，输送凝结水所耗用的电能也较小。

（3）蒸汽作为热媒密度小，在一些地形起伏很大的地区或高层建筑中，不会产生很大的静水压力，用户连接方式简单，运行也比较方便。

（4）在散热器或换热设备中，由于温度和传热系数都很高，可以减少散热设备面积，降低设备投资。

在供热系统方案中，热媒参数的确定也是一个重要问题，应结合具体条件，考虑热媒、热用户两方面的特点，进行技术经济比较后确定。

以民用供暖热用户为主时，多采用热水作为热媒。热水又分为低温热水和高温热水：低温热水，即供水不超过 100 ℃，通常供水、回水设计温度为 95 ℃ /70 ℃、80 ℃ /60 ℃；高温热水，即供水温度高于 100 ℃，通常供水、回水设计温度为 150 ℃ /70 ℃或 130 ℃ /70 ℃或 110 ℃ /70 ℃。前者多用于供热半径较小的住宅小区集中供暖热用户，后者多用于供热范围较大的供暖热用户的一级管网，以及通风空调、生活热水供应热用户。

工业区的集中供热系统，考虑到既有生产工艺热负荷，也有供暖、通风等热负荷，所以多以蒸汽为热媒来满足生产工艺用热需求。一般来说，对以生产用热量为主，供暖用热量不大，且供暖时间又不长的工业厂区，宜采用蒸汽热媒向全厂区供热；对其室内供热系统，可考虑采用换热设备间接热水供暖或直接利用蒸汽供暖；而对于厂区供暖用热量较大、供暖时间较长的情况，宜在热源处设置安装换热设备或采用单独的热水供热系统。

我国地域辽阔，各地气候条件有很大不同，即使在北方，各地区供暖季节和时间的差别也大，供热区域不同，具体条件不一样。因此，对于集中供热系统的热源形式、热媒的选择及其参数的确定及热网和用户系统形式等问题，都应在合理利用能源政策和环保政策的前提下，具体问题具体分析，因地制宜地进行技术经济比较。

二、热源形式的确定

集中供热系统热源形式，应根据当地的发展规划及能源利用政策、环境保护政策等诸多因素来确定。这是集中供热方案确定中的首要问题，必须慎重地、科学地把握好这一环节。

热源形式有区域锅炉房集中供热、热电厂集中供热，此外也可以利用核能、地热、电能、工业余热作为集中供热系统的热源。以区域锅炉房为热源的供热系统，包括区域热水锅炉房供热系统、区域蒸汽锅炉房供热系统。在区域蒸汽热水锅炉房供热系统中，锅炉房内分别装置蒸汽锅炉或热水锅炉和换热器，构成蒸汽供热、热水供热两个独立的系统。以热电厂为热源的供热系统，根据选用汽轮机组的不同，又分为抽汽式、背压式及凝汽式低真空热电厂供热系统。具体选择哪种热源形式，应根据实际需要、现实条件、发展前景等多方面因素，经多方论证，进行技术比较后确定。

三、集中供热的基本形式

（一）区域锅炉房供热系统

以区域锅炉房（内装置热水锅炉或蒸汽锅炉）为热源的供热系统，称为区域锅炉房供热系统，包括区域热水锅炉房供热系统、区域蒸汽锅炉房供热系统。

1. 区域热水锅炉房供热系统

热源的主要设备有热水锅炉、循环水泵、补给水泵及水处理装置。供热管网由一条供水管和一条回水管组成。热用户包括供热系统、生活用热水供应系统等，系统中的水在锅炉中被加热到需要的温度，以循环水泵作为动力使热水沿供水管流入各用户，散热后沿回水管返回锅炉。这样在系统中循环流动的水在锅炉内不断被加热，又在用户处不断被冷却，放出热量，以满足热用户的需要。系统在运行过程中的漏水量或被用户消耗的水量，由补给水泵把经水处理装置处理后的水从回水管补充到系统内，补充水量可通过压力调节阀控制。除污器设在循环水泵吸入口一侧，其作用是清除水中的污物、杂质，避免污物、杂质进入水泵与锅炉内。

2. 区域蒸汽锅炉房供热系统

目前，对以小区供暖热用户为主的供热系统，多采用区域热水锅炉房供热系统，对既有工业生产用户，又有供暖、通风、生活等用户的供热系统，宜采用区域蒸汽锅炉房供热系统。

区域蒸汽锅炉房供热系统，是以区域锅炉房作为热源的城市集中供热方式。区域锅炉房内一般都装置大容量、高效率的蒸汽锅炉或热水锅炉，向城市各类用户供应生产和生活用热。用区域锅炉房代替分散小型锅炉供热，能节约燃料，改善供热质量，减少对大气的污染。区域锅炉房的热能利用效率通常低于热电厂，规模和场地的选择比较灵活，投资比建设热电厂少，建设周期较短，是城市集中供热的一种主要方式。根据使用要求，区域锅炉房装置蒸汽锅炉、热水锅炉，或同时装置两种锅炉。燃料可用煤、重油、天然气、垃圾废料等。

在工矿企业的蒸汽锅炉房中，大多数工艺设备是以蒸汽作为供热介质的。为此，一般采取在锅炉房内装置蒸汽锅炉来向厂区供应蒸汽的形式。当供暖、通风等季节性热负荷由热水系统供热时，可在锅炉房内装置蒸汽-水换热器来加热热水网路的循环水，或同时装置热水锅炉，直接加热热水网路的循环水。当城市集中供热以采暖热负荷为主时，一般采用在区域锅炉房内装置热水锅炉的形式。为保证热水供热系统安全、可靠地工作，需要在区域锅炉房内对系统采取稳定压力的措施，主要有利用补给水泵定压、蒸汽定压和氮气定压等方式。补给水泵定压靠电动补给水泵向热水网路补给水，来稳定热水网路压力。它的设备比较简单，动力消耗低。其缺点是一旦停电便会失去定压作用，因而在电力供应不大可靠的地区，需要考虑水泵停止运行时，防止系统产生汽化和水击的措施。热电厂和区域锅炉房是城市集中供热的主要热源。区域锅炉房既可以只向一些街区供热，形成独立的供热系统；也可以作为热电厂的辅助热源，在高峰负荷时与热电厂联合供热。因此，区域锅炉房布局与热电厂建设配合及联合供热等问题，应在城市供热整体规划中全面安排。区域锅炉房的规模主要取决于技术水平和技术经济（如热水锅炉单台容量、气候条件、热负荷密度、煤价、电价等）及对周围环境污染等因素。

（二）热电厂供热系统

以热电厂作为热源的供热系统称为热电厂供热系统。热电厂的主要设备是汽轮机，它驱动发电机产生电能，同时利用做功抽（排）汽供热。

在热电厂供热系统中，根据汽轮机的不同，可分为抽汽式、背压式和凝汽式低真空热电厂供热系统。

1. 抽汽式热电厂供热系统

蒸汽锅炉产生的高温高压蒸汽进入汽轮膨胀做功，带动发电机发出电能。该汽轮机组的中间带有可调节抽汽口，故称为抽汽式热电厂供热系统。其可以从绝对压力为 0.8 ～ 1.3 MPa 的抽汽口抽出蒸汽，直接向工业用户供应蒸汽；可以从绝对压力为 0.12 ～ 0.25 MPa 的抽汽口抽出蒸汽以加热热网循环水，通过主加热器可使水温为 95 ～ 118 ℃；通过高峰加热器进一步加热，可使水温为 130 ～ 150 ℃或需要更高的温度以满足供暖、通风与热水供应等用户的需要。在汽轮机最后一级内，做完功的乏汽排入冷凝器后，形成的凝结水和水加热器内产生的凝结水，以及工业用户返回的凝结水融合在一起，经凝结水回收装置收集后，作为锅炉给水送入锅炉。

2. 背压式热电厂供热系统

从汽轮机最后一级排出的乏汽压力在 0.1 MPa（绝对压力）以上的供热系统，称为背压式热电厂供热系统。一般排汽压力为 0.3 ～ 0.6 MPa 或 0.8 ～ 1.3 MPa，即可将该压力下的蒸汽直接供给工业用户，同时可以通过冷凝器加热热网循环水。背压机组是以热负荷来调整发电负荷的发电机组，也就是说发电量是随着外界提供蒸汽的量来变化的，汽轮机进多少汽，汽机组就排多少汽，所以背压汽轮机的经济性较好。背压机组是热电联合生产（热电联产）运行的机组，热电联产使能源得到合理利用，是节约能源的一项重要措施。在众多的汽轮发电机组中，背压机由于消除了凝汽器的冷源损失，在热力循环效率方面是最高的，从而降低了发电煤耗，节约了能源，因而得以广泛应用。然而，背压机也有下述缺点：它对负荷变化的适应性差，机组发电量受制于热负荷变化；当低热负荷时，汽轮机效率下降，从而降低经济效益。

3. 凝汽式低真空热电厂供热系统

所谓凝汽式汽轮机，是指蒸汽在汽轮内膨胀做功以后，除小部分轴封漏气外，全部进入凝汽器凝结成水的汽轮机。实际上，为了提高汽轮机的热效率，减少汽轮机排汽缸的直径尺寸，应将做过部分功的蒸汽从汽轮机内抽出来，送入回热加热器，用以加热锅炉给水，这种不调整的抽汽式汽轮机，也统称为凝汽汽轮机。火电厂中普遍采用专为发电用的汽轮机。凝汽设备主要由凝汽器、循环水泵、凝结水泵和抽气器组成。汽轮机的排汽进入凝汽器，被循环水冷却凝结为水，由凝结水泵抽出，经过各级加热器加热后作为给水送往锅炉。汽轮机的排汽在凝汽器内受冷凝结为水的过程中，体积骤然缩小，因而原来充满蒸汽的密闭空间变成了真空空间，这降低了汽轮机的排汽压力，使蒸汽的理想绝热焓降增大，从而提高了装置的热效率。汽轮机排汽中的非凝结气体（主要是空气）由抽气器抽出，以维持必要的真空度。

当汽轮机排出的乏汽压力低于 0.1 MPa（绝对压力）时，称为凝汽式汽轮机，纯凝汽式乏汽压力为 6 MPa，温度只有 36 ℃，不能用于供热。若适当提高蒸汽乏汽压力，使其达到 50 MPa，则其温度在 80 ℃以上，可加热热网循环水，来满足供暖用户的需要。这是一种投资少、速度快、收益大的供热方式。凝汽式汽轮机的排汽压力对运行的经济性有明显影响。排汽压力影响凝汽器真空度的主要因素是冷却水的进口温度和冷却倍率。前者与电厂所在地区、季节及供水方式有关，后者表示冷却水设计流量与汽轮机排汽量之比。冷却倍率大，可获得较高真空度，但冷却倍率增大的同时也增加了循环水泵的功耗和设备投资。一般表面式凝汽器的冷却倍率设计为 60 ～ 120。由于凝汽式汽轮机循环水的需求量很大，因此水源条件成为电厂选址的重要条件之一。

在理想情况下，表面式凝汽器的凝结水温度应与排汽温度相同，被冷却水带走的热量仅为排汽的汽化热。但在实际运行中，排汽流动阻力及非凝结气体的存在，导致凝结水温度低于排汽温度，两者的温差称为过冷却度。冷却水管布置不当，运行中凝结水位过高而浸泡冷却水管，均会加大过冷却度。在正常情况下过冷却度应不大于 1 ℃。

第二节　热水供热系统与蒸汽供热系统

一、热水供热系统

热水供热系统的供热对象多为供暖、通风和热水供应的热用户。

热水供热系统主要采用闭式热水供热系统和开式热水供热系统。热用户不从热网中取用热水，热网循环水仅作为热媒，起到转移热能的作用，供给用户热量的系统称为闭式热水供热系统。热用户全部或部分取用的热网循环水，直接消耗在生产和热用户上，只有部分热媒返回热源的系统称为开式热水供热系统。

（一）闭式热水供热系统

闭式热水供热系统，在热用户系统的用热设备内放出热量后，沿热网回水管返回热源。闭式热水供热系统从理论上讲流量不变，但实际上热媒在系统中循环流动时，总会有少量循环水向外泄露，使系统流量减少。在正常情况下，一般系统的泄漏水量不应超过系统总水量的 1 %，泄漏的水靠热源处的补水装置补充。闭式双管热水供热系统是应用最广泛的一种供热系统形式。

1. 供热系统与供热管网的连接方式

热用户与供热管网的连接方式可分为直接连接和间接连接。热用户直接连接在热水管网上，热用户与热水网路的水力工况直接发生联系，二者热媒温度相同的连接方式称为直接连接。外网水是进入表面式水换热器加热用户系统的水，热用户与外网是各自独立的系统，两者温度不同，水力工况互不影响的连接方式称为间接连接。

（1）无混合装置的直接连接

当热用户与外网水力工况和温度工况一致时，可以采用无混合装置的直接连接方式。这种连接方式简单、造价低，其热力入口处应加设必要的测量、控制仪表及附件。

（2）水喷射器的直接连接

外网高温水进入喷射器，由喷嘴高速喷出后，喷嘴处形成很高的流速，出口处形成低于用户回水管的压力，回水管的低温水被抽入水喷射器，与外网高温水混合，使用户入口处的供水温度低于外网温度，以符合用户系统的要求。水喷射器的无活动部件构造简单、运行可靠，热水网路系统的水力稳定性好。但由于水喷射器抽引回水时需消耗热量，通常要求管网供水管、回水管之间要有足够的资用压差，才能保证水喷射器正常工作。

（3）混合水泵的直接连接

当建筑物用户引入口处外网的供水、回水压差较小，不能满足水喷射器正常工作所需压差，或设集中水泵站将高温水转化为低温水向建筑物供暖时，可采用设置混合水泵的直接连接方式。

混合水泵可设在建筑物入口或集中热力站，外网高温水与水泵加压后的用户回水混合，降低温度后送入用户供热系统，混合水的温度和流量，可通过调节混合水泵后面的阀门或外网供水、回水管进出口处的阀门进行调节。为防止混合水泵扬程高于热网供、回水管的压差，将热网回水抽入热网供水管，在热网供水管的入口装置止回阀；还要注意为了防止突然停电、停泵时发生水击现象，应在混合水泵压水管与吸水管之间连接一根旁通管，上面装置止回阀，当突然停泵时回水管压力升高，供水管压力降低，一部分回水通过旁通管流入供水管，可起到泄压作用。

（4）增压水泵的直接连接

用户供水管装置增压水泵的直接连接，可将热网供水压力提高到需要值后送入供热系统。这种连接方式适用于入口处供水管提供的压力，不能满足用户系统需要的场合，即供水压力低于用户系统静压，或不能保证用户系统的高温水不汽化。

用户回水管装置增压水泵的连接方式，适用于用户系统回水压力低于入口处热网回水压力的场合。一般当热网超负荷运行时，处于热水网路末端的一些用户可能出现这种情况，或地势很低的用户为避免用户超压，供水管需节流降压，也会出现用户的回水压力低于管网回水管压力的情况。

（5）水加热器的间接连接

供热管网的高温水通过设置在用户引入口或热力站的表面式水－水换热器，将热量传递给供暖用户的循环水，冷却后的回水返回热网回水管。用户循环水靠用户水泵驱动循环流动，用户循环系统内部设置膨胀水箱，先集气罐及补给水装置，形成独立系统。

间接连接方式系统造价较高，而且运行管理费用比较高，适用于局部用户系统必需和热网水力工况隔绝的情况。例如，供热管网在用户入口的压力超过了散热器的承压能力，或个别高层建筑供热系统要求压力较高，又不能普遍提高整个热水网路的压力的情况。另外，供热管网为高温热水、用户系统是低温热水供暖时，也多采用这种连接方式。

2. 热水供热系统与热网的连接方式

生活热水供热系统与热网的连接，根据局部热水供热系统是否直接取用热网循环水，可分为闭式热水供应系统和开式热水供应系统。

（1）闭式热水供应系统

闭式热用户与热网的连接必须采用间接连接，在用户系统入口处设置水加热器，分为以下几种情况。

①无储水箱的连接方式。供热管网通过水加热器将城市生活给水加热，冷却后的回水返回热网回水管。该系统用户供水管上应装置温度调节器，控制系统供水温度不随用水量的改变而剧烈变化。这是一种最简便的连接方式，适用于一般住宅或公共建筑连接用热水和用水量较稳定的热水供应系统。

②上部储水箱的连接方式。城市生活给水被表面式水加热器加热后，先送入设在用户最高处的储水箱，再通过配水管输送到各配水点。上部储水箱起着储存热水和稳定水压的作用，适用于需要稳压供水、用水时间较集中、用水量较大的浴室、洗衣房或工矿企业等场所。

③容积式换热器的连接方式。容积式换热器不仅可以加热水，还可以储存一定的水量，不需要设上部储水箱，但需要较大的换热面积，适用于工业、

企业和小型热水供应系统。

④下部储水箱的连接方式。该系统设有下部储水箱、热水循环管和循环水泵。当用户用水量较小时，水加热器的部分热水可以直接流向用户，另外的部分热水流入储水箱储存；当用户用水量较大，水加热器供水量不足时，储水箱内的水就从城市给水系统流入供给用户系统。装置循环水泵和循环管的目的是使热水在系统中不断流动，保证任何时间打开水龙头，流出的均是热水。这种方式虽然复杂、造价高，但工作可靠性高，适用于对热水供应要求较高的宾馆。

（2）闭式双级串联和混联连接的热水系统

为了充分利用系统供暖回水的热量，减少热水供应热负荷所需的网路循环水量，可采用供热系统与热水供应系统串联或混联连接的方式。

①双级串联的连接方式。热水供应系统的上水先由串联在热网路回水管上的水加热器加热，加热后的水温仍低于要求温度时，可以将水温调节器的阀门打开，进一步利用热网供水管中的高温水通过加热器将水加热到所需温度，经过加热器后的网路供水进入供热系统中。供水管上应安装流量调节器，控制用户系统流量，稳定供热系统的水力工况。

②混联的连接方式。热网供水分别进入热水供应和供热系统的热交换器中（通常采用板式换热器）。上水同样采用两级加热的形式，通过热水供应，热交换器的终热段——热网回水并不进入供热系统，而是与热水供应系统的热网回水混合，进入热水供应中热交换器的预热段将上水预热，上水最后通过热交换器的终热段，被加热到热水供应所需要的温度。可根据热水供应的热水温度和供热系统保证的室温，调节各自热交换器的热网供水和上水流量，调节阀门的开启度，控制进入各热交换器的网路水流量。

双级串联式和混联连接的方式，利用供热系统回水的部分热量预热上水，减少了网路的总设计循环水量，这两种连接方式适用于热水供应热负荷较大的城市热水供应系统。

（二）开式热水供热系统

开式系统由于热用户直接耗用外网循环水，即使系统无泄漏，补给水量仍很大。系统补水量应为热用户的消耗水量和系统泄漏水量之和。

在开式系统中，热网的热媒直接消耗于用户，热网与热用户之间不再需要通过加热器连接，入口设备简单，节省了投资费用。但补给水量大，水处理设备与运行管理费用较高。开式热水供热系统分为以下几种方式。

（1）无储水箱的连接方式

热网水直接经混合三通送入热用户，混合水温由温度调节器控制。为防止外网供应的热水直接流入热网回水管，回水管上应设置止回阀。这种方式的网路最简单，适用于外网压力在任何时候都大于用户压力的情况。

（2）上部储水箱的连接方式

网路供水和回水经混合三通送入热用户的高位储水箱，热水再沿配水管路送到各配水点。这种方式常用于浴室、洗衣房或用水量较大的工业厂房。

（3）与上水混合的连接方式

当热用户用水量很大并且需要的水温较低时，可采用这种连接方式。混合水温同样可以用温度调节器控制。为了便于调节水温，热网供水管的压力应高于城市生活给水管的压力，并在生活污水管上安装止回阀，防止热网水流入生活给水管。

二、蒸汽供热系统

蒸汽供热系统能够向供暖、通风空调和热水供应系统提供热能，还能满足各类生产工艺用热的需要。它在工业企业中得到了广泛的应用。

（一）蒸汽供热管网与热用户的连接方式

蒸汽供热管网一般采用双管制，即一根蒸汽管和一根凝结水管。有时根据需要还可以采用三管制，即一根管道供应生产工艺用汽和加热生活用水用汽，一根管道供给供暖、通风用汽，它们的回水共用一根凝结水管返回热源。

蒸汽供热管网与用户的连接方式取决于外网蒸汽的参数和用户的使用要求，也分为直接连接和间接连接两大类。

锅炉生产的高压蒸汽进入蒸汽管网，以直接或间接的方式向各用户提供热能，凝结水经凝水管网返回热源凝结水箱，经凝结水泵加压后注入锅炉重新被加热成蒸汽。蒸汽经减压阀减压后送入用户系统，放热后生成凝结水，凝结水经疏水器流入用户凝结水箱，再由用户凝结水泵加压后返回凝结水管网。高压蒸汽经减压阀减压后向供暖用户供热。凝结水通过疏水器进入凝结水箱，再用凝结水泵将凝结水送回热源。高压蒸汽减压后，经蒸汽换热器将用户循环水加热，用户采用热水供暖形式。蒸汽经喷射器喷嘴喷出后，产生低于热水供热系统回水的压力，回水被抽进喷射器混合加热后送入用户供热系统，用户系统的多余凝结水经水箱溢流管返回凝结水管网，如若蒸汽压力过高，则可用入口处的减压阀调节。

（二）凝结水回收系统

蒸汽在用热设备内放热凝结后，凝结水流出用热设备，经疏水器、凝结水管返回热源的管路系统及其设备组成的整个系统，称为凝结水回收系统。

凝结水水温较高（一般为 80 ～ 100 ℃），同时又是良好的锅炉补水，应尽可能回收。凝结水回收率低，或回收的凝结水水质不符合要求，会使锅炉补水量增大，增加水处理设备投资和运行费用，增加燃料消耗。因此，正确地设计凝结水回收系统，在运行中提高凝结水回收率，保证凝结水的质量，是蒸汽供热系统设计与运行的关键性技术问题。

凝结水回收系统按是否与大气相通，可以分为开式凝结水回收系统和闭式凝结水回收系统。按凝结水的流动方式，可分为单相流凝结水回收系统和两相流凝结水回收系统两大类。单相流凝结水回收系统又可分为满管流凝结水回收系统和非满管流凝结水回收系统两种。满管流凝结水回收系统是指凝结水靠水泵动力或位能差充满整个管道截面，依靠有压流动。非满管流凝结水回收系统是指凝结水并不充满整个管道断面，依靠管路坡度流动。按驱使凝结水流动的动力不同，可分为重力回水和机械回水。重力回水是利用凝结水位能差或管线坡度，驱使凝结水满管或非满管流动的方式。机械回水是利用水泵动力驱使凝结水满管有压流动。

第三章　供暖散热设备与附属设备

第一节　散热器

一、对散热器的要求

散热器是供热系统中的基本组成部件，热媒通过散热器向室内散热实现供暖的目的，散热器的正确选择涉及系统的经济指标和运行效果。对散热器的基本要求有以下几点。

（一）热工性能方面的要求

散热器的传热系数 K 值越高，说明其散热性能越好。提高散热器的散热量，增大散热器的传热系数，可以通过增加外壁散热面积（在外壁上加肋片）、提高散热器周围空气流动速度和增加散热器向外辐射强度等途径来实现。

（二）经济方面的要求

散热器传给房间的单位热量所需金属耗量越少，成本越低，其经济性越好。散热器的金属热强度是衡量散热器经济性的一个标志。金属热强度是指散热器内热媒平均温度与室内空气温度差为 1 ℃时，每千克质量散热器单位时间所散出的热量。这个指标可作为衡量同一材质散热器经济性的一个指标。对不同材质的散热器，其经济评价标准宜以散热器单位散热量的成本（每瓦的价格）来衡量。

（三）安装使用和工艺方面的要求

散热器应具有一定的机械强度和承压能力。散热器的结构形式应便于组合成所需要的散热面积，结构尺寸要小，占房间面积和空间小。散热器的生产工艺应满足大批量生产的要求。

1. 卫生和美观方面的要求

散热器外表应光滑、不易积灰、便于清扫，外形宜与室内装饰相协调。

2. 使用寿命的要求

散热器应不易于被腐蚀和破损，使用年限较长。

二、散热器的种类

目前，国内生产的散热器种类繁多，按其制造材质，主要有铸铁散热器和钢制散热器两大类；按其构造形式，主要分为柱型、翼型、管型、平板型等。

（一）铸铁散热器

铸铁散热器长期以来得到广泛应用。它具有结构简单、耐腐蚀、使用寿命长、水容量大等特点。但其金属耗量大、金属热强度低于钢制散热器。目前，国内应用较多的铸铁散热器有翼型散热器和柱型散热器两大类。

1. 翼型散热器

翼型散热器分为圆翼型散热器和长翼型散热器两类。

（1）圆翼型散热器是一根内径为 75 mm 的管子，是外面带有许多圆形肋片的铸件。管子两端配设法兰，可将数根管子组成平行叠置的散热器组。管子长度分为 750 mm 和 1000 mm 两种。

（2）长翼型散热器的外表面具有许多竖向肋片，外壳内部为一扁盒状空间。长翼型散热器的标准长度分为 200 mm 和 280 mm 两种，宽度为 115 mm，同侧进出口中心距为 500 mm，高度为 595 mm。

翼型散热器制造工艺简单，而且长翼型的散热器造价也较低；但翼型散热器的金属热强度和传热系数比较低，外形不美观，灰尘不易清扫，特别是它的单体散热量较大，设计选用时不易恰好组成所需的面积，因而目前较少选用这种散热器。

2. 柱型散热器

柱型散热器是呈柱状的单片散热器，外表面光滑，每片各有几个中空的立柱互相连通。根据散热面积的需要，可把各个单片组装在一起形成一组散热器。我国目前常用的柱型散热器主要有二柱、三柱、四柱三种类型。柱型散热器有带脚和不带脚两种片型，便于落地或挂墙安装。

柱型散热器与翼型散热器相比，其金属热强度及传热系数较高，外形美观，易清除积灰，容易组成所需的面积，因而应用较广泛。

（二）钢制散热器

1. 闭式钢串片对流散热器

闭式钢串片对流散热器由钢管、钢片、联箱及管接头组成。钢管上的串片采用薄钢片，串片两端折成 90° 形成封闭形。许多封闭的垂直空气通道，增强了对流换热，同时也使串片不易损坏。规格以“高 × 宽”表示，其长度可按设计要求制作。

2. 钢制板型散热器

钢制板型散热器由面板、背板、进出水口接头、放水门固定套，以及上、下支架组成。面板、背板多用 1.25 ～ 1.5 mm 厚的冷轧钢板冲压成型，在面板上直接压出呈圆弧形或梯形的散热器水道。水平联箱压制在背板上，经复合滚焊形成整体，为了增大散热面积，在背板后面可焊上 0.5 mm 厚的冷轧钢板对流片。

3. 钢制柱型散热器

钢制柱型散热器的构造与铸铁柱型散热器相似，每片也有几个小空立柱。这种散热器采用 1.255 ～ 1.5 mm 厚冷轧钢板冲压延伸形成片状半柱形，将两片片状半柱型经压力滚焊复合成单片，单片之间经气体弧焊连接成散热器。

4. 钢制扁管型散热器

钢制扁管型散热器，采用 52 mm × 11 mm × 1.5 mm（宽 × 高 × 厚）的水通路扁管叠加焊接在一起。扁管型散热器的板型有单板、双板、单板带对流片和双板带对流片四种结构形式。单、双板扁管型散热器两面均为光板，板面温度较高，有较多的辐射热。带对流片的单、双板扁管型散热器，每片散热量比同规格的不带对流片的散热器大，热量主要是以对流方式传递。

钢制散热器与铸铁散热器相比，具有以下特点。

（1）金属耗量少。钢制散热器大多数是由薄钢板压制焊接而成的。金属热强度为 0.8 ～ 1.0 W/（kg•℃），而铸铁散热器的金属热强度一般仅为 0.3 W/（kg•℃）左右。

（2）耐压强度高。铸铁散热器的承压能力一般为 0.4 ～ 0.5 MPa。钢制板型散热器及柱型散热器的最高工作压力可达 0.8 MPa。钢串片对流散热器承压能力可达 1.0 MPa。

（3）外形美观、整洁，占地小，便于布置。例如，板型和扁管型散热器还可以在其外表面喷刷各种颜色的图案，与建筑和室内装饰相协调。钢制散热器高度较低，扁管型和板型散热器厚度薄、占地小、便于布置。

（4）除钢制柱型散热器外，钢制散热器的水容量较少，热稳定性较差。当供水温度偏低而又采用间歇供暖时，散热效果明显降低。

（5）钢制散热器的主要缺点是容易被腐蚀，使用寿命比铸铁散热器短。此外，在蒸汽供热系统中不应采用钢制散热器。对具有腐蚀性气体的生产厂房或相对湿度较大的房间，不宜设置钢制散热器。

除上述几种钢制散热器外，还有一种最简易的散热器——光面管（排管）散热器，它是用钢管在现场或工厂焊接制成的。其主要缺点是耗钢量大、不美观，一般只用于工业厂房。

（三）铝制散热器

铝制散热器重量轻、外表美观。铝的辐射系数比铸铁和钢的小，为补偿其辐射放热量的减少，外形上采取的措施是提高其对流散热量，但铝制散热器不宜在强碱条件下长期使用。

（四）铜铝复合散热器

采用较新的液压胀管技术将里面的铜管与外部的铝合金紧密连接起来，

将铜的防腐性能和铝的高效传热性能结合起来，这种组合使得散热器的性能更加优越。

另外，还有用塑料等制造的散热器。塑料散热器重量轻、节省金属、耐腐蚀，但不能承受太高的温度和太大的压力。

三、散热器的选用

选用散热器类型时，应注意在热工、经济、卫生和美观等方面的基本要求，但要根据具体情况，有所侧重。设计选择散热器时，应符合下列原则性的规定。

（1）散热器的工作压力。当以热水为热媒时，不得超过制造厂规定的压力值。对高层建筑使用热水供暖时，要求保证其承压能力，这对系统安全运行至关重要。

（2）所选散热器的传热系数应较大，其热工性能应满足供热系统的要求。供热系统下部各层散热器承压能力较大，所能承受的最大工作压力应大于供热系统底层散热器的实际最大工作压力。

（3）散热器的外形和尺寸应适合建筑尺寸和环境要求，易于清扫。民用建筑宜采用外形美观、易于清扫的散热器，考虑与室内装修协调，在放散粉尘或对防尘要求较高的工业建筑中，应采用易于清除灰尘的散热器。

（4）在具有腐蚀性气体的工业建筑或相对湿度较大的房间，应采用耐腐蚀的散热器。

（5）铝制散热器内表面应进行防腐处理，且供暖水的 pH 不应大于 10，水质较硬的地区不宜使用铝制散热器，采用铝制散热器或铜铝复合散热器时，应采取措施防止散热器接口电化学腐蚀。

（6）安装热量表和恒温阀的热水供热系统，不宜采用水流通道内含有黏砂的铸铁等散热器。

四、散热器的布置

散热器的布置原则是：使渗入室内的冷空气迅速被加热，人们停留的区域温暖、舒适，较少占用房间有效的使用面积和空间。常见的布置位置和要求如下。

（1）散热器宜安装在外墙的窗台下，使沿散热器上升的对流热气流能阻止和改善从玻璃窗下降的冷气流和玻璃冷辐射的影响，有利于人体舒适。当安装或布置管道有困难时，也可靠内墙安装。

（2）为防止冻裂散热器，两道外门之间的门斗内不应设置散热器。楼梯间的散热器宜分配在底层或按一定比例分配在下部各层。

（3）散热器宜明装。内部装修要求较高的民用建筑可采用暗装，暗装时，装饰罩应有合理的气流通道和足够的通道面积，并方便维修。幼儿园的散热器必须暗装或加防护罩，以防烫伤儿童。

（4）在垂直单管或双管热水供热系统中，同一房间的两组散热器可以串联连接；储藏室、盥洗室和厨房等辅助用室及走廊的散热器可同邻室串联连接。两串联散热器之间的串联管径应与散热器接口口径相同，以便水流畅通。

（5）铸铁散热器的组装片数不宜超过下列数值。粗柱型散热器（包括柱翼型散热器）不超过 20 片，细柱型散热器不超过 25 片，长翼型散热器不超过 7 片。

（6）公共建筑楼梯间或有回马廊的大厅，散热器应尽量分配在底层，当散热器数量过多时，住宅楼梯间一般可不设置散热器。

第二节　暖风机

一、暖风机的分类

暖风机是热风采暖系统的制热和送热设备，从字义上理解就是一种能够输送出暖风的取暖设备。通常情况下，暖风机的最高温度是 40 ℃。暖风机广泛应用于各类大、中型空间的采暖、通风、干燥、除湿系统中。暖风机是由通风机、电动机及空气加热器组合而成的联合机组。在暖风机的作用下，空气由吸风口进入机组，经空气加热器加热后，从送风口送到室内，使室内空气温度得以调节，以维持室内要求的温度。暖风机根据热量的输出方式可以分辐射式暖风机和热风式暖风机，根据使用场所可以分为家用暖风机和工业暖风机，这里着重介绍工业暖风机。

（一）家用暖风机

家用暖风机利用微电脑及 PID 控温，均匀性高、不冲温、节能，内胆有优质的不锈钢及钢板两种，造型美观、新颖。电热元件有镍铬发热丝、铁铬发热丝、不锈钢发热管、红外发热管等多种，其中镍铬发热丝最节省电能，不锈钢发热管最能耐腐防爆。下面是家用暖风机的特点。

（1）热量集中、散热面积大、热效高。红外线取暖，热转换效率高，节能省电，可以迅速驱散寒意。其有两种不同的发热方式，可自由选择，以满足不同热感需求。

（2）外形时尚美观，冬季居家必备。其有多档功率可调，热度随心而选；采用了精确抛物面聚能技术，热效率提升 50 %；红远外加热升温迅速，可远距离送暖。

（3）采用优质发热组件，确保使用寿命；拥有发热体优良的宽频谱特性，具有保健理疗效果；整体采用双重防护设计，确保安全。

（二）工业暖风机

工业暖风机是一款需要固定在墙壁或棚顶上使用的电取暖产品，适合厂房、车库、商店、烘干室等场所使用。通过暖风机工作，强制空气循环，有利于空气加热及温度均衡，适合间断采暖的场所使用。设备需要配开关，但如果改装高温度，直接在设备上操作不方便，订货时可选择开关安装在墙壁上的线控机型。需要新风换气的场所，可以将设备与新风管道连接，通过风管调节风量。固定在墙壁或者棚顶上使用，可节约地面空间，也可选择吊挂在棚顶上的安装方式。

暖风机是由通风机、电动机及散热器组合而成的联合机组，适用于空气允许再循环的各种类型车间，当空气中不含灰尘和易燃性的气体时，可作为循环空气采暖之用。暖风机主要由空气加热器和风机组成，空气加热器散热，然后由风机送出，使室内空气温度得以调节。空气加热器由螺旋翅片管组成。例如，蒸汽型暖风机的散热排管是用铝带专用设备绕在壁厚为 Φ21.5 无缝锅炉管上，片距为 2.5 mm，排管和热媒流通管道是整体焊接结构，暖风机的工作压力在 0.8 MPa 以下。

1. 特点

（1）微电脑数字控制温度显示，可以精确设定目标温度，可精确到 1 ℃，同时实时显示当前环境温度，便于暖风机控制。

（2）温度连续可调。

（3）内置自动过热保护和手动重启装置。

（4）有暖风启动和自动冷却停机装置。电热管预加热到一定温度后才自动启动风扇，确保暖风即开即有。停止加热后，风机自动运行一段时间，确保整机冷却到合适温度后自动停机，增强了设备的安全性和操作的方便性。

（5）带有 H07RN-F（橡胶线）2 m 电缆线及欧式防爆插头。

（6）采用高品质元器件和材料，确保产品质量。内部导线采用耐高温硅胶线，延长使用寿命。采用进口接插件，确保电器连接的可靠性和安全性。电热管采用 304 不锈钢，内部填料采用进口高温结晶镁粉，确保发热的稳定性，而且延长了发热部件的寿命。

（7）设计合理美观。支架稳固美观，附带墙壁挂钩，方便摆、挂、提。后部的防雀网罩设计有效提升了进风效率，更利于电机散热，并节约相应空间。

2. 适用范围

工业暖风机适用于工厂车间、物资仓库、建筑工地、道路桥梁、石油钻井、煤炭矿区、铁路机场、游艇船舶、军车设备、指挥帐篷、温室大棚、场馆会所等场所，达到防潮烘干、局部采暖、水泥养护、野外采暖、除冰防冻、设备保温、油漆干燥、施工保温、移动采暖、便捷加温、洁净热能、快速加温等目的。

3. 保养技巧

暖风机在使用中应当注意以下几点。当冬天气温在 0 ℃以下时，前挡风玻璃会有一层冰和霜，启动发动机，当水温升到 40 ℃以上时，把操纵杆按指示牌标识放到除霜的位置，循环放到室内循环的位置，打开暖风机电机并放到三挡位置。此时电机转速最高，使其运转 3 ～ 5 分钟，然后根据除霜情况可以把挡位放到一挡或二挡位置。这期间驾驶员最好不要离开驾驶室，如发现电机不转，应立即把电机挡位推到关闭的位置，避免烧坏变速电阻。当外面气温低、驾驶室内司乘人员多时，玻璃上会有霜，可以把操纵杆放到除霜的位置和室外循环的位置上，电机可以放到一挡或二挡位置，这样就能把霜除干净。当外部无风沙和粉尘时，可以按室外循环按钮，使驾驶室空气清新。如遇风沙和粉尘或天气太冷时，可以按室内循环按钮，避免风沙和粉尘进入驾驶室。

二、暖风机布置和安装

在生产厂房内布置暖风机时，应根据车间的几何形状、工艺设备的布置情况及气流作用范围等因素，设计暖风机台数及位置。

采用小型暖风机采暖，为使车间温度均匀，保持一定的断面速度，布置时宜使暖风机的射流互相衔接，使采暖房间形成一个总的空气环流。同时，室内空气的换气次数每小时宜大于或等于 1.5 次。

位于严寒地区或寒冷地区的工业建筑，利用热风采暖时，宜在窗下设置散热器，作为值班采暖或满足工艺所需的最低室内温度，一般不得低于 5 ℃。

在高大厂房内，如内部隔墙和设备布置不影响气流组织，宜采用大型暖风机集中送风。在选用大型暖风机采暖时，由于出口速度和风量都很大，一般沿车间长度方向布置。气流射程应不小于车间采暖区的长度，在射程区域内不应有高大设备或遮挡，避免造成整个平面上的温度梯度达不到设计要求。

小型暖风机的安装高度（指其送风口离地面的高度）：当出口风速小于或等于 5 m/s 时，宜采用 3 ～ 3.5 m 的安装高度；当出口风速大于 5 m/s 时，宜采用 4 ～ 4.5 m 的安装高度。可保证生产厂房工作区的风速不大于 0.3 m/s。暖风机的送风温度宜为 35 ～ 50 ℃。送风温度过高，热射流呈自然上升趋势，会使房间下部加热不好；送风温度过低，易使人有吹冷风的不适感。

当采用大型暖风机集中送风采暖时，其安装高度应根据房间的高度和回流区的分布位置等因素确定，安装高度不宜低于 3.5 m，但不得高于 7.0 m，房间等生活地带或作业地带应处于集中送风的回流区。生活地带或作业地带的风速，一般不宜大于 0.3 m/s，但平均风速不宜小于 0.15 m/s；送风口的出口风速，应通过计算确定，一般为 5 ～ 15 m/s。集中送风的温度，不宜低于 35 ℃，不得高于 70 ℃，以免热气流上升而无法向房间工作地带供热。当房间高度或集中送风温度较高时，送风口处宜设置向下倾斜的导流板。

三、使用环境要求

暖风机使用环境要求空气中无黏性物质和纤维物质，含尘量和其他固体杂质的含量不大于 100 mg/m^3。暖风机工作时，要求使用环境的温度为 −10 ～ 40 ℃，湿度在 85 %（不结露）以内。使用电暖风机的环境要求海拔高度不超过 1000 m。

安全保护及注意事项：暖风机的出风管及送出的空气温度可能非常高，要小心避免灼伤；使用场所的空气若含有易燃、易爆气体时，其浓度必须稀释到爆炸极限的 1/100 ～ 1/50；出现突发事故时，可直接按急刹关机，待保证安全后，方可复位恢复工作。

四、暖风机风机的类型

暖风机的风机分为轴流式与离心式两种，常称为轴流式暖风机和离心式暖风机。

（1）轴流式暖风机体积小、结构简单、安装方便，但其送出的热风气流射程短、出口风速低。轴流式暖风机一般悬挂或支架在墙或柱子上。热风经出风口处百叶调节板，直接吹向工作区。

（2）离心式暖风机是用于集中输送大量热风的采暖设备。由于它配用离心式通风机，有较大的作用压头和较高的出口速度，比轴流式暖风机的气流射程长，送风量和产热量大，常用于集中送风采暖系统。其散热方式以对流为主，热惰性小、升温快。

轴流式小型暖风机主要用于加热室内再循环空气。离心式大型暖风机，除用于加热室内再循环空气外，也可用来加热一部分室外新鲜空气，同时用于房间通风和采暖，但对于空气中含有燃烧危险的粉尘、易燃易爆的气体和纤维而未经处理的生产厂房来说，从安全角度考虑，不得采用再循环空气。

第三节　附属设备

一、膨胀水箱

膨胀水箱的作用是储存热水供热系统加热的膨胀水量，一般是由薄钢板焊接而成的。膨胀水箱上接有膨胀管、循环管、信号管（检查管）、溢流管和排水管。

在自然循环的上供下回式系统中，膨胀水箱连接在供水总立管的最高处，起到排除系统内空气的作用。在机械循环热水供热系统中，膨胀水箱连接在回水干管循环水泵入口前，可以恒定系统水泵入口的压力，保证系统压力稳定。

（一）膨胀水箱的构成

1. 膨胀管

膨胀水箱设在系统的最高处，系统的膨胀水量通过膨胀管进入膨胀水箱。自然循环系统膨胀管接在供水总立管的上部，机械循环系统膨胀管接在回水干管循环水泵入口前。膨胀管上不允许设置阀门，以免偶然关断使系统内压力增高，发生事故。

2. 循环管

当膨胀水箱设置在不供暖的房间内时，为了防止水箱内的水冻结，膨胀水箱需设置循环管。机械循环系统中，循环管应接到定压点前的水平回水干管上，连接点与定压点应保持 1.5 ～ 3 m 的距离，使热水能缓慢地在循环管、膨胀管和水箱之间流动；自然循环系统中，循环管应接到供水干管上，与膨胀管也应有一段距离，以维持水的缓慢流动。

循环管上也不允许设置阀门，以免水箱内的水冻结。如果膨胀水箱设置在非供暖房间，水箱及膨胀管、循环管、信号管均应做保温处理。

3. 信号管（检查管）

信号管用来检查膨胀水箱的水位，决定系统是否需要补水。信号管控制系统的最低水位，应接至锅炉房内或人们容易观察到的地方，信号管末端应设置阀门。

4. 溢流管

溢流管用于排出水箱内超过规定水位的多余的水。它控制系统的最高水位，当系统水的膨胀体积超过溢流管口时，水溢出就近接入排水设施中。溢流管上也不允许设置阀门，以免偶然关闭时水从入孔处溢出。溢流管也可以用来排空气。

5. 液位管

液位管用于监督水箱内的水位。

6. 排水管

排水管用于清洗、检修时放空水箱中的水，可与溢流管一起就近接入排水设施，其上应安装阀门。

7. 补水阀

补水阀与箱体内的浮球相连，若水位低于设定值，则通过阀门补充水。为安全起见，膨胀管、循环管、溢流管上不允许安装任何阀门。

（二）系统中设置膨胀水箱的主要作用

膨胀水箱用于闭式水循环系统中，起到了平衡水量及压力的作用，避免了安全阀频繁开启和自动补水阀频繁补水。膨胀水箱除起到容纳膨胀水的作用外，还能起到补水的作用，膨胀水箱内充入氮气，能够获得较大容积来容纳膨胀水量，高、低压膨胀水箱可利用本身压力并联向稳压系统补水。本装置各点控制均为连锁反应，自动运行、压力波动范围小、安全可靠、节能、经济效果好。

（1）膨胀，使系统中的淡水受热后有膨胀的余地。

（2）补水，补充系统中因蒸发和泄漏而损失的水量并保证淡水泵有足够的吸入压力。

（3）排气，排放系统中的空气。

（4）投药，投放化学药剂以便对冷冻水进行化学处理。

（5）加热，如果在其中设置加热装置，可对冷冻水进行加热以便暖缸。

二、排气装置

热水供热系统必须及时排除系统内的空气，以避免产生气塞而影响水流的循环和散热，保证系统正常工作。其中，自然循环、机械循环的双管下供下回式及倒流式系统可以通过膨胀水箱排除空气，其他系统都应在供暖总立管的顶部或供暖干管末端的最高点处设置集气罐或手动、自动排气阀等排气装置排除系统内的空气。

（一）集气罐

集气罐是采用无缝钢管焊制而成的，或者是采用钢板卷制焊接而成的，分为立式膨胀集气罐和卧式膨胀集气罐两种。为了增大罐的储气量，其进、出水管宜靠近罐底，在罐的顶部设置 DN15 的排气管，排气管的末端应设置排气阀。排气阀应引至附近的排水设施处，应设置在便于操作的地方。

1. 集气罐规格的选择

（1）集气罐的有效容积应为膨胀水箱容积的 1 %。

（2）集气罐的直径应大于干管直径的 1.5 倍。

（3）水在集气罐中的流速不超过 0.05 m/s。

2. 集气罐的安装

一般立式集气罐安装于供热系统总立管的顶部，卧式集气罐安装于供水干管的末端。

（1）集气罐一般安装于供暖房间内，否则应采取防冻措施。

（2）安装时应有牢固的支架支撑，以保证安装的平稳、牢固，一般采用角钢栽埋于墙内作为横梁，再配以直径为 12 mm 的 U 形螺栓进行固定。

（3）集气罐在系统中与管配件保持 5 ～ 6 倍直径的距离，以防涡流影响空气的分离。

（4）排气管一般采用 DN15，其上应设截止阀，中心距地面 1.8 m 为宜。

（二）自动排气阀

自动排气阀大都是依靠水对浮体的浮力，通过自动阻力和排水机构，使排气孔自动打开或关闭，达到排气的目的。

自动排气阀一般采用丝扣连接，安装后应保证不漏水。自动排气阀的安装要求如下。

（1）自动排气阀应垂直安装在干管上。

（2）为了便于检修，应在连接管上设阀门，但在系统允许时，阀门应处于开启状态。

（3）排气口一般不需接管，如需接管，排气管上不得安装阀门。排气口应避开建筑设施。

（4）调整后的自动排气阀应参与管道的水压试验。

（三）冷风阀

冷风阀适用于公称压力不大于 600 kPa，工作温度不高于 100 ℃的水或蒸汽供热系统的散热器上。冷风阀多用在水平式和下供上回式热水供热系统中，它旋紧在散热器上部专设的丝孔上，以手动的方式排除空气。

三、其他附属设备

（一）除污器

除污器是热水供热系统中最为常用的附属设备之一，可用来截留、过滤管路中的杂质和污垢，保证系统内水质洁净、减少阻力、防止堵塞。除污器一般安装在循环水泵吸入口的回水干管上，用于集中除污；也可分别安装在各个建筑物入口处的供、回水干管上，用于分散除污。当建筑物入口供水干管上装有节流孔板时，除污器应安装在节流孔板前的供水干管上，防止污物阻塞孔板。另外，在一些小孔口的阀前（如自动排气阀）也宜设置除污器或过滤器。

（二）热量表

进行热量测量与计算，并作为计费结算的计量仪器称为热量表（也称“热表”）。根据热量计算方程，一套完整的热量表应由以下三部分组成。

（1）热水流量计，用以测量流经换热系统的热水流量。

（2）一对温度传感器，分别测量供水温度和回水温度，并进而得到供水、回水温差。

（3）积算仪（也称“积分仪”），根据与其相连的流量计和温度传感器提供的流量及温度数据，通过热量计算方程可计算出用户从热交换系统中获得的热量。

（三）散热器温控阀

散热器温控阀是一种自动控制散热器散热量的设备，它由两部分组成，一部分为阀体部分，另一部分为感温元件控制部分。散热器温控阀具有恒定室温、节约热能的优点。

当室内温度高于（或低于）给定温度时，散热器温控阀会自动调节进入散热器的水量，使散热器的散热量减小（或增大），室温随之下降（或升高）。

（四）调压板

当外网压力超过用户的允许压力时，可设置调压板来减少建筑物入口供水干管上的压力。调压板用于压力低于 100 kPa 的系统中。选择调压板时，孔口直径不应小于 3 mm，且调压板前应设置除污器或过滤器。调压板厚度一般为 2 ～ 3 mm，安装在两个法兰之间。

第四章　建筑项目资源管理

第一节　建筑项目管理

一、建筑项目概述

（一）建筑的概念

建筑是建筑物和构筑物的总称。具体来说，供人们进行生产、生活或其他活动的房屋或场所称为建筑物，如住宅、医院、学校、商店等。人们不能直接在其内进行生产、生活的建筑称为构筑物，如水塔、烟囱、桥梁、堤坝、纪念碑等。无论是建筑物还是构筑物，都是为了满足一定功能，运用一定的物质材料和技术手段，依据科学规律和美学原则而建造的相对稳定的人造空间。

（二）建筑工程

1. 建筑工程的概念

建筑工程是指建筑艺术与工程技术相结合，营造出供人们进行生产、生活或其他活动的环境、空间或场所。从广义上讲，建筑工程也可以是一切经过勘察设计、建筑施工、设备安装等生产活动而建造的房屋及构筑物的总称。

2. 建筑工程的分类

建筑是根据人们物质生活和精神生活的要求，为满足各种不同社会过程的需要而建造的有组织内部和外部的空间环境。建筑包括建筑物和构筑物，建筑物按使用性质分为生产性建筑和民用建筑（非生产性建筑）。

生产性建筑包括工业建筑和农业建筑。工业建筑是指供人们从事各类工业生产的房屋，包括各类生产用房和为生产服务的附属用房，如生产车间、辅助车间、动力车间、仓储建筑等。农业建筑是供人们从事农、牧业生产和加工用的房屋，如种子库、畜禽饲养场、粮食与饲料加工站、拖拉机站等。

民用建筑是供人们工作、学习、生活、居住和从事各种政治、经济、文化活动的房屋，包括居住建筑和公共建筑两大部分。

3. 建筑材料

在工程建设中，建筑材料直接影响整个建筑物质量等级、结构安全、外部造型和建成后的使用功能等。由于各种材料的组成、结构和构造不同，价格也相差悬殊，在工业建筑、水利工程、港口工程、交通运输工程及大量民用住宅工程中用量很大。所以，合理使用建筑材料，对建筑物的安全、实用、美观、耐久及造价有着重大意义。

（1）正确合理使用建筑材料直接影响工程的造价和投资

目前，建筑材料市场发展较快，市场活跃，由于材料开采和加工方式不同，价格波动很大。一般建筑物，其材料费用占总投资的 50 % ～ 60 %。若材料费用高，相应建筑工程造价就高。所以对于建筑工程而言，若用质量好、功能多、档次高、性能优的材料，材料费用占工程造价的比例就更高。

（2）合理选择与使用材料，决定着建筑物的使用功能

不同的工程项目与使用环境，对材料的自身性能要求也不同。这需要结合建筑物的设计要求与自身的特点，合理选择与使用材料，才能使结构的受力特性、环境条件、功能要求得到满足，才能最大限度地发挥材料的效能，也才能确保建筑物建成后的质量。

（3）新型材料的发展带来了技术创新与变革

传统的建筑材料虽然在基础工程中广泛应用，但是已越来越不能满足快速发展的项目建设对高标准工程的要求。轻质、高强材料的发展，使高层建筑不断更新。随着绿色建筑材料的开发、利用，山水城市、绿色建筑、生态房屋不断出现。

建筑技术要发展，建筑材料就要更新。建筑工程中新技术、新工艺、新方法的出现，往往依赖建筑材料的更新。建筑施工新技术的推广、新材料的

出现，也促进了建筑物形式的变化、设计方法的改进、施工技术的革新。大跨度预应力结构、悬索结构、空间网架结构、节能型特色环保建筑的出现无疑都与新材料的产生密切相关。

（三）建筑项目

1. 项目

（1）项目的概念及特点

项目是在限定条件下，为完成特定目标要求的一次性任务。

项目在日常活动中随处可见，它的外延是广泛的。大项目如造船、航空航天、建筑工程、能源工程等，但更多的是一些较小的项目。例如，一个新计算机系统实施，一项新产品的研究开发和投产，甚至制订一项培训计划，发表一篇论文，召开一次会议，等等。项目不论类型、规模，都具备一些共同的特性。

①独特性。独特性即任何一个项目都有区别于其他项目的特殊性。这一特性决定项目执行的过程是不可能完全程序化的，这也正是项目管理工作极具挑战性的原因。例如，按照同一设计图纸建造两座图书馆，但建设这两座图书馆的项目是不会完全相同的，由于地理位置、施工地质条件等不完全相同，其地基处理、平面处理、管道布置的施工方案和任务就不会完全相同。

②一次性。一次性即有起点和终点，任务完成，项目即宣告结束，没有重复。

③目标性和约束性。任何项目都具有特定的目标，同时这一特定目标的实现总是有一定约束条件的。当然，项目目标也可能在项目实施的过程中发生变化。一旦项目目标和约束条件发生变化，项目的管理工作就要随之做出相应的调整。

④生命周期特性。项目是一次性的任务，总是有预期终点的。任何项目都会经历启动、开发、实施和结束这样一个过程，人们常把这一过程称为“生命周期”。项目的生命周期特性还表现在项目的全过程中，启动阶段比较缓

慢，开发实施阶段比较快速，而结束阶段又比较缓慢。

⑤系统性。项目包括人力、物资、技术、时间、空间、信息和管理等多种要素。这些要素为实现项目的目标而相互制约、相互作用，构成一个相对完整的系统。

⑥项目具有众多结合部。项目与外部环境的各种约束、项目内部的各种要素、项目生命周期的各个不同阶段之间存在众多的结合部，这些结合部是项目管理工作的重点和难点。

（2）项目的参与者

项目的参与者又叫作项目干系人，是指那些积极介入项目，其利益可能由于项目执行或项目成功完成而受到积极或消极影响的个人和组织。一个项目中最起码应当有以下五个参与者。

①项目经理。项目经理是负责管理某一个项目的个人。项目经理一般要有足够的权力以便管理整个项目，并向用户负责，承担实现项目目标的责任，项目经理是项目班子的领导人。

②客户。客户是使用项目产品的个人或组织。一个项目的客户可能有多个层次。例如，一种新药品的客户可能有开处方的医生、用药的病人及支付药费的保险公司。客户与使用者有时是同义词，有时客户是指项目产品的购买者，而使用者是指实际使用项目产品的人。

③执行组织。执行组织指某个企业，这个企业的员工直接参与项目中的工作。

④项目班子成员。项目班子成员是指项目管理过程中的领导人员。

⑤项目出资人。项目出资人就是执行组织内部或外部以现金或实物为项目提供财务资源的个人或团体。

2. 建筑项目

（1）建筑项目的概念

建筑项目是由以建筑物为目标产出物的、有开工时间和竣工时间的、相互关联的活动组成的特定过程。该过程要达到的最终目标应符合预定的使用要求，并满足标准或业主要求的质量、工期、造价和资源等约束条件。

（2）建筑项目的分类

①按工程项目建设性质分类

a. 新建项目

新建项目一般是指为经济、科学技术和社会发展而进行平地起家的投资项目。有的单位原有规模很小，经过建设后新增的固定资产价值超过原有固定资产价值三倍以上的，也算新建项目。

b. 扩建项目

扩建项目一般是指为扩大生产能力或新增效益而增建的分厂、主要车间、矿井、铁路干线、码头泊位等工程项目。

c. 迁建项目

迁建项目一般是指为改变生产力布局而将企业或事业单位搬迁到其他地点建设的项目。

d. 改建项目

改建项目一般是指为技术进步，提高产品质量，增加花色品种，促进产品升级换代，降低消耗和成本，加强资源综合利用、三废治理和劳动安全，等等，采用新技术、新工艺、新设备、新材料等对现有工艺条件进行技术改造和更新的项目。

e. 恢复项目

恢复项目一般是指因遭受各种灾害而使原有固定资产全部或部分报废，以后又恢复建设的项目。

②按投资用途分类

a. 商业项目

商业项目是指商场、零售连锁店、大型购物中心、饭店、写字楼等。

b. 工业项目

工业项目是指工业企业的厂房、车间、库房及其辅助设施的建设项目，如化工厂、食品厂、电器制造厂等。

c. 住宅项目

住宅项目是指建成后供人居住的房屋建筑项目，包括高层住宅、多层住宅、别墅等。

d. 基础设施项目

基础设施项目是指城市基础设施，如城市道路、地铁、轻轨、隧道、污水处理工程、供电工程等。

e. 公益项目

公益项目是指非营利性项目，如学校、医院、图书馆、体育馆等。

f. 国防项目

国防项目是指与国防事业、军队建设、武器装备有关的工程项目，如雷达站、军事基地、军事机场等。

③按投资主体分类

a. 非政府投资项目

非政府投资项目是指除政府投资的项目以外的投资项目的总称。非政府投资项目包括企业投资项目、民间资本投资项目、国外企业与私人投资项目等。

b. 政府投资项目

政府投资项目包括中央政府投资的项目和地方政府投资的项目，它是由国家各级财政预算直接安排的工程建设项目。

④按资本金的来源分类

a. 外资项目

外资项目是指利用外国资金作为资本金进行投资的工程项目。

b. 内资项目

内资项目是指运用国内资金作为资本金进行投资的工程项目。

c. 中外合资项目

中外合资项目是指运用国内和外国资金作为资本金进行投资的工程项目。

⑤按建设总规模或总投资额分类

工程项目按项目的建设总规模或总投资额可分为大型项目、中型项目和小型项目。生产单一产品的工业项目按产品的设计能力划分，生产多种产品的工业项目按其主要产品的设计能力来划分，生产品种繁多、难以按生产能力划分的按投资额划分。划分标准以《关于基本建设项目和大中型划分标准的规定》为依据。

（3）建筑项目的特点

①工程项目实体的特殊性

首先，工程项目具有庞大的实体体型。无论是复杂的工程项目实体，还是简单的工程产品，为满足其使用功能上的需要，并考虑到建筑材料的物理力学性能，均需要大量的物质资源，占据广阔的平面或空间，因而工程项目实体体型庞大。

其次，工程项目实体在空间上具有固定性。一般的工程项目实体由地下基础和地上主体两部分组成，建造后不能移动。

最后，工程项目实体具有单件性。其建造的时间、地点、地形、环境的不同，工程项目不可能有完全相同的情况。

②建设目标的明确性

建设目标的明确性是工程项目的显著特征。无论是政府投资的项目还是企业或私人投资的项目，都有自己的建设目标。例如，工业项目是在一定时期内为满足某种社会需求而提供的产品或服务，通过产品或服务使投资实现一定经济目标的投资方案。又如，交通工程项目是为满足社会对公共交通的需求而进行的投资方案。

③项目的风险性

工程项目从构思、实施到建成都有一个过程，有的工程项目建设周期较长，不可避免地面临较大的不确定性和风险，如国内投资环境的变化、天气或自然灾害的影响、金融市场的波动、原材料与产品市场的变化等，这些不确定因素都会给项目带来一定的风险，可能造成不利后果。

④资源的有限性

每一个工程项目都有资金、土地、时间、人力、技术等方面的限制。要实现工期、质量、费用的项目目标必须对有限的资源进行最优的配置。

⑤建设过程的特殊性

建设过程的特殊性体现为建设周期长、建设过程的连续性及建设施工队伍的流动性。

3. 建筑工程施工程序

建筑工程施工程序，是指项目承包人从承接工程业务到工程竣工验收一系列工作必须遵循的先后顺序，是建设项目建设程序中的一个阶段。它可以分为承接业务签订合同、施工准备、正式施工和竣工验收 4 个阶段。

（1）承接业务签订合同

项目承包人承接业务的方式有 3 种：国家或上级主管部门直接下达，受项目发包人委托而承接，通过投标中标而承接。不论采用哪种方式承接业务，项目承包人都要检查项目的合法性。承接施工任务后，项目发包人与项目承包人应根据《中华人民共和国合同法》和《中华人民共和国招标投标法》的有关规定及要求签订施工合同。施工合同应规定承包的内容、要求、工期、质量、造价及材料供应等，明确合同双方应承担的义务和职责及应完成的施工准备工作（土地征购、申请施工用地、施工许可证、拆除障碍物，以及接通场外水源、电源、道路等）。施工合同经双方负责人签字后具有法律效力，必须共同履行。

（2）施工准备

施工合同签订以后，项目承包人应全面了解工程性质、规模、特点及工期要求等，进行场址勘察、技术经济和社会调查，收集有关资料，编制施工组织总设计。施工组织总设计经批准后，项目承包人应组织先遣人员进入施工现场，与项目发包人密切配合，共同做好各项开工前的准备工作，为顺利开工创造条件。根据施工组织总设计的规划，对于首批施工的各单位工程，应抓紧落实各项施工准备工作。例如，图纸会审，编制单位工程施工组织设计，落实劳动力、材料、构件、施工机具及现场“三通一平”，等等。在具备开工条件后，项目承包人提出开工报告并经审查批准，即可正式开工。

（3）正式施工

施工过程是施工程序中的主要阶段，应从整个施工现场的全局出发，按照施工组织设计，精心组织施工，加强各单位、各部门的配合与协作，协调解决各方面问题，使施工活动顺利开展。在施工过程中，应加强技术、材料、质量、安全、进度等各项管理工作；落实项目承包人项目经理负责制及经济责任制，全面做好各项经济核算与管理工作；严格执行各项技术、质量检验制度，抓紧工程收尾和竣工工作。

（4）竣工验收

竣工验收是指进行工程验收、交付生产使用，也是施工的最后阶段。在交工验收前，项目承包人内部应先进行预验收，检查各分项分部工程的施工质量，整理各项交工验收的技术经济资料。在此基础上，由项目发包人组织竣工验收，经相关部门验收合格后，到主管部门备案，办理验收签证书，并交付使用。

二、建筑项目管理

建筑施工企业的项目管理水平是反映建筑企业管理水平的一个重要标志，也能够充分体现建筑企业的形象。建筑施工企业之所以要实行项目管理，是因为想要全方位管理施工活动，由此可见，项目管理的对象就是项目，工程项目管理的水平对建筑工程的整体质量会产生重要影响，因此建筑施工企业在今后的发展中应当将工程的项目管理工作作为重点。

（一）项目管理对建筑施工的重要性

随着经济的发展和人民生活水平的提高，人们对建筑的要求也不断提高。建筑工程的质量影响着人们的生命财产安全和正常的生活秩序。为了更好地保证工程项目的质量，满足人们的需要，针对我国建筑项目管理现状，应该做到：树立质量管理意识，狠抓质量控制；严格划分施工阶段，实行规范化管理；加大建筑项目管理的信息化建设投入，提升信息化水平。

1. 项目管理可以实现对建筑施工的进度控制

项目进度控制是为了保证工程建设的进度与目标达成一致，而在施工过程中开展的一种控制工作。在项目实施之前，应当制订施工进度计划，编制计划的人员应当具有前瞻性和预见性，对施工图纸和合同进行充分了解，并将安装工作和土建工作配合，与施工人员沟通，力争制订科学的进度计划。为了更好地控制施工进度，相关人员可以制订年度计划、月度计划和周计划，这样能够对整个施工实行动态管理。

2. 项目管理可以实现对建筑施工的成本控制

建筑工程的成本管理就是预测、计划、核算、控制、考核和分析工程项目的各项支出费用，通过采取一定的措施来降低施工成本，并改善企业的经营管理水平，使建筑施工企业的整体竞争力和实力得到提升。在施工过程中，一旦出现项目成本超支的现象，就应当在第一时间查找原因，并找到合理的措施来控制成本，还应当制定科学合理的施工方案，以达到降低成本和缩短工期的效果，还要不断提高施工工艺标准，采用新技术和新工艺，避免浪费材料，从而更好地控制施工的成本。

3. 项目管理可以实现对建筑施工的质量控制

建筑施工的一项重要目标就是保证施工的质量，只有做好项目管理工作才能更好地实现这一目标。具体来说，在施工的细节及每一阶段都应当对施工质量进行严格的把关，对容易出现质量问题的部位应当重点把握并实行有效的监督，从而减少施工的安全隐患，尽量避免事故的发生，减少事故对建筑施工企业的影响，提高企业的信誉度，最终促进建筑施工企业的长远发展。

4. 项目管理可以实现对建筑施工的安全控制

安全控制就是分析施工过程中的不安全因素，通过加强技术和管理措施来保证施工的安全，进而保证整个建筑施工过程的安全。在这个过程中，通过公司、项目部、班组的安全教育，使新上岗人员、操作人员及相关施工人员了解施工现场及相关安全防护知识，项目部相关工作人员也要做好现场的管理工作，一旦发现安全隐患就要及时处理，并严格划分施工现场的工作区和生活区，材料要堆放整齐从而使道路通畅。

5. 工程项目管理是建筑施工的技术支持

一个建筑工程，不仅需要庞大的建筑材料，还需要复杂的建筑工艺，这就属于工程项目管理的工作范畴，它要求工程项目管理人员必须熟悉施工图纸，并能针对施工合同的具体要求，优化每一道工序，规划好每一部分的施工计划，还要根据施工计划，及时地对施工人员进行技术培训，以保证施工的质量。

（二）建筑项目管理概念

建设项目管理是指组织运用系统的观点、理论和方法，对建设工程项目进行的计划、组织、指挥、协调和控制等专业化活动。建筑项目管理是针对建筑工程而言的，是在一定约束条件下，以建筑项目为对象，以最优实现建筑项目目标为目的，以建筑项目经理负责制为基础，以建筑工程承包合同为纽带，对建筑项目进行高效率的计划、组织、协调、控制和监督的系统管理活动。

（三）建筑项目管理特点

1. 建筑项目管理是一种一次性管理

项目的单件性特征，决定了项目管理的一次性特点。在项目管理过程中一旦出现错误就很难纠正、损失严重，所以对项目建设中的每个环节都应进行严密管理，认真选择项目经理、配备项目人员和设置项目机构。

2. 建筑项目管理是一种全过程的综合性管理

建筑项目生命周期的各阶段有明显的界线，又相互有机衔接，不可间断，这就决定了项目管理是对项目生命周期全过程的管理，包括对项目可行性研究、勘察设计、招标投标、施工等各阶段全过程的管理，在每个阶段中又包含进度、质量、成本、安全的管理。因此，项目管理是全过程的综合性管理。

3. 建筑项目管理是一种约束性强的控制管理

建筑项目的一次性特征、明确的目标、限定的时间和资源消耗、既定的功能要求和质量标准，决定了建筑项目约束条件的强度比其他管理更高。因此，建筑项目管理是强约束管理。这些约束是项目管理的条件，也是不可逾越的限制条件。

项目管理的重要特点在于：项目管理者如何在一定时间内，在不超过这些条件的前提下，充分利用这些条件，完成既定任务，达到预期目标。

（四）建筑项目管理的分类

1. 按管理的工作范围分类

（1）建设全过程管理

建设全过程管理的内容包括项目决策和实施阶段的各个环节，即从编制项目建议书开始，经可行性研究、设计和施工，直至项目竣工验收、投产使用的全过程管理。

（2）阶段性管理

阶段性管理即项目建设全过程中某一特定阶段的管理工作，主要是指设计项目管理或施工项目管理。

2. 按项目管理者的经济地位分类

（1）建设项目管理及建设单位（业主）进行的项目管理。这时项目管理者处于需求者的地位，其管理范围是工程建设的全过程。

（2）设计或施工单位在合同规定范围内进行的项目管理。这时管理者处于承包人的地位，管理范围是工程建设全过程的一部分，但在实行建筑项目全过程总承包时，总承包单位的项目管理范围要相应地扩大到工程建设的全过程。

（3）项目管理咨询机构受建设单位或设计、施工单位的委托进行的项目管理。这时管理者处于客户代理的地位，应根据顾客要求来确定管理范围，其管理范围可以是工程建设全过程，也可以是工程建设其中的一个阶段。

（五）建筑项目管理的内容

1. 合同管理

建设工程合同是业主和参与项目实施各主体之间明确责任、权利和义务关系的，具有法律效力的协议文件，也是运用市场经济体制组织项目实施的基本手段。从某种意义上讲，项目的实施过程就是建设工程合同订立和履行的过程。建设工程合同管理，主要是指对各类合同的依法订立过程和履行过程的管理，包括合同文本的选择，合同条件的协商、谈判，合同书的签署，合同的履行、检查、变更及违约，合同纠纷的处理，索赔事宜的处理，总结评价，等等。

2. 组织协调

组织协调是工程项目的管理职能之一，是实现项目目标必不可少的方法和手段。在项目实施过程中，项目参与单位需要处理和调整众多复杂的业务，主要内容包括以下三点。

（1）外部环境协调

外部环境协调是项目参与单位与政府管理部门之间的协调，例如：规划、城建、市政、消防、人防、环保、城管部门的协调；资源供应方面的协调，如供水、供电、供热、电信、通信、运输和排水等方面的协调；生产要素方面的协调，如图纸、材料、设备、劳动力和资金方面的协调；社区环境方面的协调；等等。

（2）项目参与单位之间的协调

项目参与单位之间的协调主要有业主、监理单位、设计单位、施工单位、供货单位和加工单位等之间的协调。

（3）项目参与单位内部的协调

项目参与单位内部的协调指项目参与内部各部门、各层次之间及人员之间的协调。

3. 进度控制

进度控制包括方案的科学决策、计划的优化编制和实施的有效控制三个方面的任务。方案的科学决策是实现进度控制的先决条件，它包括文案的可行性论证、综合评估和优化决策。只有提出优化的方案，才能编制出优秀的计划。计划的优化编制包括科学确定项目的工序及其连接关系、持续时间、优化编制网络计划和实施措施，是实现进度控制的重要基础。实施的有效控制包括同步跟踪、信息反馈、动态调整和优化控制，是实现进度控制的根本保证。

4. 投资（费用）控制

投资控制包括编制投资计划、审核投资支出、分析投资变化情况、研究投资减少的原因和采取投资控制措施五项任务。前两项是对投资的静态控制，后三项是对投资的动态控制。

5. 质量控制

质量控制包括制定各项工作的质量要求和质量事故的预防措施、各个方面的质量监督与验收制度，以及各个阶段的质量处理和控制措施三个方面的任务。制定的质量要求要具有科学性，质量事故的预防措施要具备有效性。质量监督和验收包含对设计质量、施工质量及材料设备质量的监督和验收，要严格检查制度和加强分析。质量事故处理与控制要求对每一个阶段均进行严格的管理和控制，采取细致而有效的质量事故预防和处理措施，以确保质量目标的实现。

6. 风险管理

随着工程项目规模的大型化和工艺技术的复杂化，项目管理者所面临的风险越来越多。工程建设客观现实地告诉人们，要保证工程建设项目的投资效益，就要对项目风险进行科学的管理。风险管理是一个确定和度量项目风险，制定、选择和管理风险处理方案的过程。其目的是通过风险分析建设项目决策的不确定性，以便决策更加科学，以及在项目实施阶段保证目标控制的顺利进行，更好地实现项目质量、进度和投资目标。

7. 信息管理

信息管理是工程项目管理的基础工作，是实现项目目标控制的保证。只有不断提高信息管理的水平，才能更好地承担项目管理的任务。工程项目的信息管理主要是对有关工程项目各类信息的收集、储存、加工、整理、传递与使用等一系列工作的总称。信息管理的主要任务是及时、准确地向项目管理各级领导、各参与单位及各类人员提供所需的、综合程度不同的信息，以便在项目进展的全过程中，动态地进行项目规划，迅速正确地进行各种决策，并及时检查决策执行结果，反应在工程实施中暴露的各类问题，为项目总目标服务。

信息管理工作的好坏将会直接影响项目管理的成败。在我国工程建设的长期实践过程中，缺乏信息、难以及时获得信息、得到的信息不准确或信息的综合程度不满足项目管理的要求、信息存储分散等，造成项目决策、控制、执行和检查的困难，以致影响项目总目标实现的情况屡见不鲜，信息管理工作应该引起广大项目管理人员的重视。

8. 环境保护

工程建设可以改造环境、为人类造福，优秀的作品设计还可以美化社会景观，带来观赏价值。但在一个工程项目的实施过程和结果中，同时也存在着影响甚至恶化环境的种种因素。因此，在工程建设中应强化环保意识，切实有效地把保护环境和杜绝破坏自然环境、破坏生态平衡、污染空气和水、破坏周围建筑物与地下管网等现象，作为项目管理的重要任务。

项目管理者要充分研究与掌握国家和地区的有关环保法规及规定，对于环保方面有要求的建筑项目，在项目可行性研究和决策阶段，提出环境影响报告及对策措施，并评估措施的可行性和有效性，严格按建设程序向环保管理部门报批。在项目实施阶段，做到主体工程与环保措施工程同步设计、同步施工、同步投入运行；在工程施工承发包中，必须把依法做好环保工作列为重要的合同。

三、建筑工程项目准备工作

建筑工程项目的准备工作是为拟建工程的施工创造必要的技术、物资条件，统筹安排施工力量和布置施工现场，确保工程施工顺利进行。它是建设程序中的重要环节，不仅存在于开工前，而且贯穿整个施工过程。

（一）准备工作的重要性

现代的建筑施工是一项十分复杂的生产活动，它不仅需要耗用大量的人力和物力，也需要处理各种复杂的技术问题，还需要协调各种协作配合的关系。如果事先缺乏统筹安排和准备，势必会造成某种混乱，使施工无法正常进行。而全面、细致地做好施工准备工作，对调动各方面的积极因素，合理组织人力、物力，加快施工进度，提高工程质量，节约建设资金，提高经济效益，都起着重要的作用。

任何工程开工前都要有合理的施工准备期，以便为施工创造一切必要的条件。实践证明：凡是重视施工准备工作的，若积极为拟建工程创造一切施工条件，项目的施工就会顺利进行；反之，就会给项目的施工带来麻烦和损失，甚至给项目的施工带来灾难，其后果不堪设想。

（二）准备工作的基本任务

（1）取得工程施工的法律依据为城市规划、环境卫生、交通、电力、消防、市政、公用事业等部门批准的法律依据。

（2）通过调查研究，分析掌握工程特点、要求和关键环节。

（3）调查分析施工地区的自然条件、技术经济条件和社会生活条件。

（4）从计划、技术、物资、劳动力、设备、组织、场地等方面为施工创造必要的条件，以保证工程顺利开工和连续进行。

（5）预测可能会发生的变化，提出应变措施，做好应变准备。

（三）准备工作的内容

一个建筑工地或者一个单位工程开工之前的施工准备工作，通常包括调查收集原始资料、技术资料准备、施工现场准备、物资准备、施工人员和组织准备、季节施工准备 6 个方面的内容。

1. 调查收集原始资料

原始资料是工程设计及施工组织设计的重要依据之一。原始资料的调查主要是对工程条件、工程环境特点和施工条件等施工技术与组织的基础资料进行调查，以此作为施工准备工作的依据。原始资料调查工作应有计划、有目的地进行，而且事先要拟定明确、详细的调查提纲，调查的范围、内容、要求，等等。其应根据拟建工程的规模、性质、复杂程度、工期及对当地熟悉或了解程度而定。

2. 技术资料准备

技术资料准备的主要内容包括熟悉和会审图纸、编制施工图预算、编制施工组织设计等。

3. 施工现场准备

施工现场准备的主要内容包括清除障碍物、“三通一平”、测量放线、搭设临时设施。

4. 物资准备

物资准备的主要内容包括主要材料的准备，地方材料的准备，模板、脚手架的准备，施工机械、机具的准备。

5. 施工人员和组织准备

施工人员和组织准备的主要内容包括：研究施工项目的组织管理模式，组建项目经理部；规划施工力量的集结与任务安排，建立健全质量管理体系和各项管理制度；完善技术检测措施；落实分包单位，审查分包单位资质，签订分包合同；等等。

6. 季节施工准备

季节施工准备的主要内容包括拟订和落实冬期、雨期施工措施。每项工程施工准备工作的内容，根据该工程本身及其具备的条件而有所不同，只有按照施工项目的规划来确定准备工作的内容，并拟订具体、分阶段的施工准备和工作实施计划，才能充分地为施工创造一切必要的条件。

（四）施工调查准备

1. 施工调查依据

施工调查依据包括工程中标通知书、施工合同文本、初步设计文件、招标文件及投标书。

2. 施工调查目的

任何工程的实施都是由施工调查开始的，施工调查的成果直接关系到后续施工，是后续施工的基础。

①核对设计文件，了解施工项目内容，分析施工特点；②为编制项目管理策划书及施工方案提供依据；③为工程的施工创造必要的技术和物质条件，统筹安排施工力量和施工现场。

3. 施工调查内容

（1）工程概况及特点

了解各个单位工程的位置、结构形式、基础类型，主要工程数量及分布情况，重难点工程结构类型、施工方案、技术难点，等等。

（2）地形地貌及地质构造

现场勘探，了解土壤类别、岩层分布、风化程度和工程地质状况，尤其注意滑坡、溶洞、严重风化、软土等不良地质现象的位置及范围，或者由于环境、人为等因素产生变化的地段。当发现现场地形地貌或地质条件与设计不相符时，应及时整理发现的问题，提出相应的建议、措施和方案。

（3）水文、气象资料

水文、气象资料包括河流分布、流量、流速、洪水期、水位变化、通航情况，气温、雨量、风向、风速、积雪厚度、冻土深度等。这些资料用于研究降低地下水位的方法，选择基础施工方案，制定水下工程施工方案，复核地面、地下排水设计，确定临时防洪措施。

（4）材料物资供应

材料物资的供应内容包括建筑材料、燃料动力、交通工具及生产工具的供应情况和运输条件，主要材料的产地、产量、质量、价格、运距、开采及供应方式等。

（5）当地施工条件

①交通、运输条件，包括工地沿线的铁路、公路、河流位置，装卸和运输费用标准，民间运输能力，等等。

②水电供应情况，包括供水的水源、水量、水质、水费等情况，电源供电的容量、电压、电费等情况。

③可利用的民房、劳动力和附属辅助设施的情况，土地数量、农田水利的情况。

④民族状况和分布、生活习惯和民风民情、社会治安状态、医疗卫生条件等。

（6）临时工程及机械设备

铁路便线、施工便道及便桥、供电干线等设置方案，其他设施的选址和规模，主要施工机械和设备配置方案，等等。

4. 施工调查报告

现场调查工作完毕，应整理好资料，由调查组负责写出施工调查报告。施工调查报告的内容如下。

（1）工程概况

工程概况具体包括工程、水文地质情况，工程分布，重点工程情况，施工的特点和难易程度，工程数量，等等。

（2）施工条件

施工条件具体包括工程的场地情况，沿线交通和供水、供电情况，主要材料和地方材料的供应条件，砂、石料源情况，临时房屋和临时通信的解决条件，等等。

（3）提出相应的施工建议方案

①施工区段划分，施工队伍驻地、大小临时工程的布置。

②施工道路的布局。

③施工供水、供电网路和工地变电站、发电站设置。

④砂石料场选定和场地布置、运输、供应范围。

⑤重点工程施工方法及安排措施的意见。

⑥施工机具设备的配备和利用地方机械设备的意见。

⑦改善设计的建议。

⑧使用当地劳动力和向当地施工企业发包工程的意见。

（五）劳动组织准备

1. 建立工程项目领导机构

建立工程项目的领导机构应遵循以下原则：根据工程项目的规模、结构特点和复杂程度，确定工程项目施工的领导机构人选和名额；合理分工与密切协作相结合；把有施工经验、有创新精神、有工作效率的人选入领导机构；

从施工项目管理的总目标出发，因目标设事，因事设机构定编制，按编制设岗位、定人员，以职责定制度。

2. 施工队伍的组建

施工队伍的组建要认真考虑专业、工种的合理搭配，使其符合项目施工的需要，满足劳动组合优化的要求；技工、普工的比例要满足合理的劳动组织，要符合流水施工组织方式的要求；确定施工队伍的类型（是专业施工队伍，还是混合施工队伍）；要坚持合理、精干、高效的原则；要严格控制人员配置，对二三线管理人员力求一专多能、一人多职，要有利于提高劳动生产率。

某些专业性较强、专业技术难度较大的分部工程，有时还需要联合其他建筑队伍（外包施工队）共同完成施工任务。有时需利用当地劳动力进行施工，这时就要注意严禁非法层层分包，专业工种工人要持证上岗，对于使用的临时施工队伍要进行技术考核，不得使用达不到技术标准、质量没有保证的人员。

3. 建立、完善规章制度

工地的各项规章制度是否建立健全，影响其各项施工活动的顺利进行，有章不循的后果是严重的，而无章可循更是危险的，为此必须建立健全工地的各项规章制度，其规章制度分为两类：项目施工管理制度和项目组织内部工作制度。

（六）技术准备

1. 熟悉、审查施工图纸和有关的设计资料

首先，要仔细审查工程，看看设计图纸中建筑物的选址和布局，以及建筑物的整体设计风格、结构等，是否符合国家的规划要求和城建要求。其次，要审查设计是否合理，技术是否规范，标准是否符合国家制定的有关技术规范。除了以上需要准备审查的，还需要检查设计总图和各个结构图之间的内容，检查其相关数据是否一致，是否有矛盾的地方。

在项目的实施过程中，图纸要符合现场的实际情况和国家的技术规范要

求及行业标准，按单位工程编制单项进度计划，具体的技术工艺及流程等，都需要符合已经形成的技术标准和规范。

2. 原始资料的调查分析

对设计图纸和原始数据等书面材料的掌握只是建筑施工技术准备工作的第一步，除此之外，还需要亲临现场，进行实地勘测，进行拟建工程的调查，获得有关数据的第一手资料，这对于拟定一个先进合理、切合实际的施工组织设计是非常必要的。

（1）自然条件的调查分析

建设地区自然条件调查分析的主要内容有：地区水准点和绝对标高等情况，地质构造、土地性质和类别、地基土的承载力、地震级别和烈度等情况，河流流量和水质、最高洪水和枯水期的水位等情况，地下水位的高低变化情况，含水层的厚度、流向、流量和水质等情况，气温、雨、雪、风和雷电等情况，土的冻结深度和冬、雨季的期限等情况。

（2）技术经济条件的调查分析

建设地区技术经济条件调查分析的主要内容有：地方建筑施工企业状况，施工现场的动迁状况，当地可利用的地方材料状况，地方能源和交通运输状况，地方劳动力和技术水平状况，当地生活供应、教育和医疗卫生状况，当地消防、治安状况和参加施工单位的力量状况。

3. 编制施工图预算和施工预算

预算在工程项目的施工过程中是非常重要的，是一项系统工程，用于分配企业的财务、实物及人力等资源，用以实现项目的既定目标，所以在施工之前，需要编制好施工图预算和施工预算。

（1）编制施工图预算

施工图预算是技术准备工作的主要组成部分之一，是按照施工图确定的工程量、施工组织设计所拟定的施工方法、建筑工程预算定额及其取费标准，由施工单位编制的确定建筑安装工程造价的经济文件。它是施工企业签订工程承包合同、工程结算、建设银行拨付工程价款、进行成本核算、加强经营管理等方面工作的重要依据。

（2）编制施工预算

施工预算是根据施工图预算、施工图纸、施工组织设计或施工方案、施工定额等文件进行编制的，直接受施工图预算的控制，是施工企业内部进行经济核算的依据。

4. 编制施工组织设计

施工组织设计是施工准备工作的重要组成部分，也是指导施工现场全部生产活动的技术经济文件。建筑施工生产活动的全过程是非常复杂的，是物质财富再创造的过程，为了正确处理人与物、主体与辅助、工艺与设备、专业与协作、供应与消耗、生产与储存、使用与维修，以及它们在空间布置、时间排列之间的关系，必须根据拟建工程的规模、结构特点和建设单位的要求，在原始资料调查分析的基础上，编制出一份能切实指导该工程全部施工活动的科学方案。

（七）物资准备

1. 建筑材料准备

建筑材料准备包括：根据施工图预算的材料分析、施工进度计划的要求、材料储备定额、材料消耗定额，按照材料名称、规格、使用时间、需要数量进行汇总，编制材料需用量计划；依据材料需用量计划组织采购，确定材料仓库面积、堆场面积，确定运输能力。准备工作必须根据材料需用量计划，选择、评价材料分包商，确定采购计划、交货地点、交货方式、交货价格、验收标准、结算方法，签订材料分包合同。

材料的储备应当根据施工过程、使用材料的特点，按照施工进度计划分期分批进行合理储备、严格保管和发放，做好防水、防潮、防火、防散落和易碎材料的保护工作。

2. 构件加工准备

根据施工图预算，编制构件的需用量计划，并确定分期分批的储备数量。准备工作必须根据其需用量计划进行选择，签订分包合同。

3. 建筑施工机械设备准备

施工机械设备的种类很多，应当根据施工组织设计、施工方法、施工进度计划的要求，确定施工机械设备的型号、数量、供应方法、进出场时间，编制施工机械设备需用量计划。

4. 周转材料准备

周转材料一般有模板、模板支架、脚手架等。根据施工组织设计、施工方法、施工进度计划的要求，确定周转材料的种类、规格、数量、供应方法、进出场时间，编制周转材料需用量计划。

第二节　建筑项目资源管理内容与优化

一、项目资源管理

（一）项目资源概念

项目资源是对项目实施中使用的人力资源、材料、机械设备、技术、资金和基础设施等的总称。资源是人们创造出产品（形成生产力）所需要的各种要素，也称为生产要素。

项目资源管理的目的是在保证施工质量和工期的前提下，通过合理配置和调控，充分利用有限资源，节约使用资源，降低工程成本。

（二）项目资源管理概念

项目资源管理是对项目所需的各种资源进行的计划、组织、指挥、协调和控制等系统活动。项目资源管理的复杂性主要表现为以下几项。

（1）工程实施所需资源的种类多、需求量大。

（2）建设过程对资源的消耗极不均衡。

（3）资源供应受外界影响很大，具有一定的复杂性和不确定性，且资源经常需要在多个项目间进行调配。

（4）资源对项目成本的影响最大。加强项目管理，必须对投入项目的资源进行市场调查与研究，做到合理配置，并在生产中强化管理，以尽量少的消耗获得产出，达到节约劳动和减少支出的目的。

（三）项目资源管理的主要原则

在项目施工过程中，对资源的管理应该坚持以下四项原则。

1. 编制管理计划的原则

编制项目资源管理计划的目的，是对资源投入量、投入时间和投入步骤，做出合理的安排，以满足施工项目实施的需要，对施工过程中涉及的资源，都必须按照施工准备计划、施工进度总计划和主要分项进度计划，根据工程的工作量，编制出详尽的需用计划表。

2. 资源供应的原则

按照编制的各种资源计划，进行优化组合，并在项目中实施，保证项目施工的需要。

3. 节约使用的原则

这是资源管理中最为重要的一环，其根本意义在于节约活劳动及物化劳动，根据每种资源的特性，制定出科学的措施，进行动态配置和组合，不断地纠正偏差，以尽可能少的资源，满足项目的使用。

4. 使用核算的原则

进行资源投入、使用与产生的核算，是资源管理的一个重要环节，完成了这个程序，便可以使管理者心中有数。通过对资源使用效果的分析，一方面，核算是对管理效果的总结；另一方面，核算又为管理提供储备与反馈信息，以指导以后的管理工作。

（四）项目资源管理的过程和程序

（1）项目资源管理的全过程应包括资源的计划、配置、控制和处置。

（2）项目资源管理应遵循以下程序。①按合同或根据施工生产要求，编制资源配置计划，确定投入资源的数量与时间。②根据资源配置计划，做好各种资源的供应工作。③根据各种资源的特性，采取科学的措施，进行有效组合、合理投入、动态管理。④对资源的投入和使用情况进行定期分析，找出问题、总结经验、持续改进。

（3）项目资源管理应注意以下几个方面。①要将资源优化配置，适时、适量、按比例配置资源投入生产、满足需求。②投入项目的各种资源在施工项目中搭配适当、协调，能够充分发挥作用，更有效地形成生产力。③在整个项目运行过程中，对资源进行动态管理，以适应项目建设需要，并合理规避风险。项目实施是一个变化的过程，对资源的需求也在不断发生变化，必须适时调整，有效地计划组织各种资源，使其合理流动，在动态中求得平衡。④在项目实施中，应建立节约机制，有利于节约使用资源。

（五）资源配置与资源均衡

在进行资源配置时，必须考虑如何进行资源配置及资源分配是否均衡。在项目资源十分有限的情况下，合理的资源配置和实现资源均衡是提高项目资源配置管理能力的有效途径。

1. 资源配置

资源配置是指将项目资源根据项目活动及进度需求，分配到项目的各项活动中，以保证项目按计划执行。有限资源的合理分配也被称为约束性资源的均衡。在编制约束性资源计划时，必须考虑其他项目对可共享类资源的竞争需求；在进行型号项目资源分配时，必须考虑所需资源的范围、种类、数量及特点。

资源配置方法属于系统工程技术的范畴。项目资源的配置结果，不但应保证项目各子任务得到合适的资源，而且要力求达到项目资源使用均衡，还应保证让项目的所有活动都可及时获得所需资源，使项目资源能够被充分利用，使项目资源的消耗总量最少。

2. 资源均衡

资源均衡是一种特殊的资源配置问题，是对资源配置结果进行优化的有效手段。资源均衡的目的是努力将项目资源消耗控制在可接受的范围内。在进行资源均衡时，要考虑资源的类型及其效用，以确保资源均衡的有效性。

二、项目资源管理计划

项目资源是工程项目实施的基本要素，项目资源管理计划是对工程项目资源管理的规划或安排，一般涉及决定选用什么样的资源，将多少资源用于项目每一项工作的执行过程中（资源的分配），以及将项目实施所需要的资源按正确时间、正确数量供应到正确地点，并尽可能降低资源成本的消耗，如采购费用、仓库保管费用等。

（一）项目资源管理计划的基本要求

（1）项目资源管理计划应包括建立资源管理制度，编制资源使用计划、供应计划和处置计划，规定控制程序和责任体系。

（2）项目资源管理计划应依据资源供应、现场条件和项目管理实施规划编制。

（3）项目资源管理计划必须纳入进度管理中。由于资源作为网络的限制条件，在安排逻辑关系和各工程活动时，就要考虑资源的限制和资源的供应过程对工期的影响。通常在工期计划前，人们已假设可用资源的投入量。因此，如果网络编制时不顾及资源供应条件的限制，则网络计划是不可以被执行的。

（4）项目资源管理计划必须纳入项目成本管理中，以作为降低成本的重要措施。

（5）在制定实施方案，以及技术管理和质量控制时，必须包括项目资源管理的内容。

（二）项目资源管理计划的内容

1. 资源管理制度

资源管理制度包括人力资源管理制度、材料管理制度、机械设备管理制度、技术管理制度、资金管理制度。

2. 资源使用计划

资源使用计划包括人力资源使用计划、材料使用计划、机械设备使用计划、技术计划、资金使用计划。

3. 资源供应计划

资源供应计划包括人力资源供应计划、材料供应计划、机械设备供应计划、资金供应计划。

4. 资源处置计划

资源处置计划包括人力资源处置计划、材料处置计划、机械设备处置计划、技术处置计划、资金处置计划。

（三）项目资源管理计划编制的依据

1. 项目目标分析

通过对项目目标的分析，把项目的总体目标分解为各个具体的子目标，以便于了解项目所需资源的总体情况。

2. 工作分解结构

工作分解结构确定了完成项目目标所必须进行的各项具体活动，根据工作分解结构的结果可以估算出完成各项活动所需资源的数量、质量和具体要求等信息。

3. 项目进度计划

项目进度计划提供了项目的各项活动何时需要相应的资源及占用这些资源的时间，据此可以合理地配置项目所需的资源。

4. 制约因素

在进行资源计划时，应充分考虑各类制约因素，如项目的组织结构、资源供应条件等。

5. 历史资料

资源计划可以借鉴类似项目的成功经验，以便项目资源计划的顺利完成，既可节约时间又可降低风险。

（四）项目资源管理计划编制的过程

项目资源管理计划是施工组织设计的一项重要内容，应纳入工程项目的整体计划和组织系统中。通常，项目资源计划应包括以下过程。

1. 确定资源的种类、质量和用量

根据工程技术设计和施工方案，初步确定资源的种类、质量和需用量，然后再逐步汇总，最终得到整个项目各种资源的总用量表。

2. 调查市场上资源的供应情况

在确定资源的种类、质量和用量后，即可着手调查市场上这些资源的供应情况。其调查内容主要包括各种资源的单价，进而确定各种资源所需的费用。调查如何得到这些资源，从何处得到这些资源，这些资源供应商的供应能力、供应的质量、供应的稳定性及其可能的变化，对各种资源供应状况进行对比分析，等等。

3. 确定资源的使用情况

主要是确定各种资源使用的约束条件，包括总量限制、单位时间用量限制、供应条件和过程的限制等。某些外国进口的材料或设备，在使用时还应考虑资源的安全性、可用性、对周围环境的影响、国家的法规和政策及国际关系等因素。

在安排网络资源时，不仅要在网络分析和优化时加以考虑，在具体安排时更需注意，这些约束性条件多是由项目的环境条件，或企业的资源总量和资源的分配政策决定的。

4. 确定资源使用计划

通常在进度计划的基础上确定资源使用计划，即确定资源投入量—时间关系，确定各资源的使用时间和地点。在做此计划时，可假设它在活动时间上平均分配，从而得到单位时间的投入量（强度）。进度计划的制订和资源计划的制订，往往需要结合在一起考虑。

5. 确定具体资源供应方案

在资源计划中，应明确各种资源的供应方案、供应环节及具体时间安排等，如人力资源的招雇、培训、调遣、解聘计划，材料的采购、运输、仓储、生产、加工计划等。如要把这些供应活动组成供应网络，应与工期网络计划相互对应、协调一致。

6. 确定后勤保障体系

在资源计划中，应根据资源使用计划确定项目的后勤保障体系，如确定施工现场水电管网的位置及其布置情况，确定材料仓储位置、项目办公室、职工宿舍、工棚、运输汽车的数量及平面布置等。这些虽不能直接作用于生产，但对项目的施工具有不可忽视的作用，在资源计划中必须予以考虑。

三、建筑工程项目资源管理内容

（一）生产要素概念

生产要素是指形成生产力的各种要素，主要包括人、机器、材料、资金与管理。对建筑工程来说，生产要素是指生产力作用于工程项目的有关要素，也可以说是投入工程要素中的诸多要素。由于建筑产品具有一次性、固定性、建设周期长、技术含量高等特性，因此可以将建筑工程项目生产要素归纳为人、材料、机械设备、技术等方面。

（二）建筑工程项目生产要素管理概述

生产要素管理就是对诸要素的配置和使用所进行的管理，其根本目的是节约劳动成本。

1. 建筑工程项目生产要素管理的意义

（1）进行生产要素优化配置，即适时、适量、比例恰当、位置适宜地配备或投入生产要素，以满足施工需要。

（2）进行生产要素的优化组合，即投入工程项目的各种生产要素在施工过程中搭配适当，协调地在项目中发挥作用，有效地形成生产力，适时、合格地完成建筑工程。

（3）在工程项目运转过程中，对生产要素进行动态管理。项目的实施过程是一个不断变化的过程，对生产要素的需求也在不断变化，平衡是相对的，不平衡是绝对的。因此，生产要素的配置和组合也就需要不断调整，这就需要动态管理。动态管理的目的和前提是优化配置与组合，动态管理是优化配置和组合的手段与保证。动态管理的基本内容就是按照项目的内在规律，有效计划、组织、协调、控制各生产要素，使之在项目中合理地流动，在动态中寻求平衡。

（4）在工程项目运行中，合理地、节约地使用资源，以达到节约资源（资金、材料、设备、劳动力）的目的。

2. 建筑工程项目生产要素管理的内容

生产要素管理的主要内容包括生产要素的优化配置、生产要素的优化组合、生产要素的动态管理三个方面。

（1）生产要素的优化配置

生产要素的优化配置，就是按照优化的原则安排生产要素，按照项目所必需的生产要素配置要求，科学而合理地投入人力、物力、财力，使之在一定资源条件下实现最佳的社会效益和经济效益。

具体来说，对建筑工程项目生产要素的优化配置主要包括对人力资源（劳动力）的优化配置、对材料的优化配置、对资金的优化配置和对技术的优化配置等方面。

（2）生产要素的优化组合

生产要素的优化组合是生产力发展的标志，随着科学技术的进步，现代管理方法和手段的运用，生产要素优化组合将对提高施工企业管理集约化程度起推动作用。

生产要素的内容：一是指生产要素的自身优化，即各种要素的素质提高过程；二是优化基础上的结合，即各要素有机结合发挥各自优势。

（3）生产要素的动态管理

生产要素的动态管理是指依据项目本身的动态过程而产生的项目施工组织方式。项目动态管理以施工项目为基点来优化和管理企业的人、财、物，以动态的组织形式和一系列动态的控制方法来实现企业生产诸要素按项目要求的最佳组合。

（三）生产要素管理的方法和工具

1. 生产要素优化配置方法

不同的生产要素，其优化配置方法各不相同，可根据生产要素的特点确定。常用的方法有网络优化方法、优选方法、界限使用时间法、单位工程量成本比较法、等值成本法及技术经济比较法。

2. 生产要素动态管理方法

动态管理的常用方法有动态平衡法、日常调度、核算、生产要素管理与评价、现场管理与监督、存储理论与价值工程等。

（四）人力资源管理

1. 人力资源管理的含义

人力资源管理这一概念主要是指通过掌握的科学管理办法，来对一定范围内的人力资源进行必要的培训，进行科学的组织，以便达到人力资源与物力资源的充分利用。在人力资源管理工作中，较为重要的一点就是对工作人员的思想情况、心理特征及实际行为进行有效的引导，以便充分激发工作人员的工作积极性，让工作人员能够在自己的工作岗位上发光发热，适应企业的发展脚步。

2. 人力资源管理在建筑工程项目管理中的重要性

人力资源管理作为企业管理工作中的重要组成部分，其工作质量会对企业的长远发展产生极为重要的影响。对于建筑企业来说也是如此，这是由于在建筑工程项目管理中充分发挥人力资源管理工作的效用，就能够帮助企业累积人才，并将人才转化为企业的核心竞争力，通过优化配置人力资源来推动建筑企业的可持续发展。

（五）建筑工程项目人力资源管理问题

1. 管理者观念的落后

随着社会的不断发展，各行各业在寻求可持续发展的道路上，都应与时俱进、更新管理观念，特别是建筑行业。就目前而言，大部分建筑企业在人力资源管理工作中所应用的管理观念都较为落后，不仅不利于对企业中的人力资源进行合理配置与培训，还不利于发挥人力资源管理重要性，这会对企业工作人员岗位培训与调动等产生不良影响。部分人力资源的管理工作人员缺乏对信息技术的正确认识，不利于建筑企业的长远发展。

2. 人力资源管理体系有待完善

当前我国部分建筑企业缺乏对人力资源管理工作的重视，没有建立应有的人力资源管理体系，使得人力资源管理工作的开展无法得到保障。在这种管理体系指导下的人力资源管理工作的质量也就不能得到有效保证。有的建筑企业建立了人力资源管理体系，但是没有及时对其进行更新与优化，使其不能满足当前人力资源管理工作的需求，也就无法为企业发展提供坚实的人力基础。因此，人力资源管理体系也是建筑企业人力资源管理工作的重点。

3. 缺乏完善的激励机制

当前我国建筑企业人力资源管理工作的激励机制不够完善，而这一问题出现的主要原因在于部分人力资源管理工作人员忽视了奖金对工作人员的激励作用，不会利用奖金来充分调动工作人员的积极性与工作热情，也就无法在建筑企业内部创造一个良好的竞争环境，不利于实现企业的长远发展。

我国大部分建筑企业在对工作人员进行岗位晋升时，都不重视对其工作绩效的考查，或是对其工作绩效情况进行了考查，但是并没有起到应有的作用，进而在一定程度上影响了工作人员的积极性，也就无法保证工作人员能够全身心地投入岗位工作中，这对实现企业经营发展目标是十分不利的。

（六）建筑工程项目人力资源管理优化

1. 管理者观念的转变

建筑工程企业应重视对先进管理理念的学习与应用，摒弃传统落后的管理观念，为提高自身人力资源管理水平奠定理念基础。这就需要企业的人力资源管理者能够对重视自身专业水平的提升，积极学习新的管理理念，并充分利用互联网信息技术等来进行人力资源管理能力的自我锻炼，以便为提高建筑工程项目人力资源管理水平奠定基础。

2. 健全管理人才培养模式

健全管理人才培养模式，要从提高管理团队的综合素质与专业水平出发，通过这些方面来实现人力资源管理工作质量的提升。这是由于工作人员是建筑企业开展人力资源管理工作的主体，其素质状况和专业水平直接影响着人力资源管理工作的效果。

3. 建立完善的激励机制

建筑企业要重视激励机制的建立与完善，以便能够充分调动工作人员的积极性。要将工作人员的工作绩效与薪资水平密切联系，以激发工作人员的主观能动性。还应对工作态度认真并且有突出表现的工作人员给予口头表扬等精神层面的鼓励，进而在企业内部形成一种积极向上的工作氛围。此外，建筑企业还应将工作人员平时的绩效考核情况与其岗位升迁等紧密联系，并重视对人才晋升机制的完善与优化，引导工作人员实现自主提升，并逐渐推动企业的健康发展。

（七）材料供应管理

一般而言，材料选择通常指的是在建筑相关工程立项后，通过相关施工单位展开自主采购，且在实际采购过程中，严格遵循相关条例规定的同时，还要满足设计中的材料说明要求。材料供应商应该具有正规合法的采购合同，而防水材料、水电材料、装饰材料、保温材料、砌筑材料、碎石、沙子、钢筋、水泥等应采取材料备案证明管理，同时记录材料进厂。

1. 供应商的选择

供应商的选择是材料供应管理的第一步，在对建筑材料市场上诸多供应商进行选择时，应该注意以下几个方面。首先，采购员应该对各供应商的材料进行比较，认真核查材料的生产厂家，仔细审核供应商的资质，所有的建筑材料必须符合国家标准；其次，在签订采购合同之前，还应该验证现场建筑材料的检测报告、进出厂合格证明文件及复试报告等；最后，与供应商直接签订的合同需要在法律保障下才可以发挥行之有效的作用。

2. 制定采购计划文件

在确定好供应商之后，就要开始编制相应的计划文件，这就需要相关的采购员严格依据施工进度方案、施工内容及设计内容对具体的采购计划通过比较细致的研究制定出完善的采购方案。并且，采购员必须对其质量进行科学化的检测，进而确保材料本身所具备的功能可以达到施工要求，更加有效地进行成本把控。

3. 材料价格控制

建筑工程相应项目中涉及的材料种类比较，有时需要同时和多家材料供应商合作。因此，在建筑材料采购过程中，采购员应该完成所采购材料相应的市场调查工作，多走访几家材料供应商，对实际的价格做好管控工作。最终购买的材料在保证满足设计和施工要求的同时，尽可能地使价格降到最低，综合材料实际的运费，在最大限度上减少成本投入，进而达到对材料资料等方面的有效控制。

4. 进厂检验管理

在购买建筑材料之后，要严格进行材料进厂验收，由监理单位和施工企业对进厂材料进行检验，对材料的证明文件、检测报告、复试报告及出厂合格证进行审核。同时，委托具有相应资质的检测单位对进厂材料按批次取样检验，并做好备案书。检验结果不合格的材料坚决不能进厂使用，只有检验结果合格的材料才能进厂使用。

（八）施工材料管理

1. 材料的存放

建设单位要有专人负责掌管材料，将材料分类，以免材料之间发生化学反应，影响其使用，还要登记好材料的入库和出库时间、合作的生产厂家、材料之间的报告等，在项目部门领取材料进行施工时，项目施工人员必须凭小票领取材料并签字，这样有利于施工后期建筑材料的回收再利用。

在建筑施工接近尾声之际，建设单位的工作人员应将实际应用的建筑材料和计划用量进行比较，将使用的建筑材料数据记录下来，将剩余的建筑材料回收再利用，将建筑现场清理好，以免造成建筑材料的浪费，还要把剩余的材料做好分类管理，减少施工材料的成本。

2. 材料的使用

在建筑材料的使用过程中，要根据建筑材料的实际用量和计划用量做好建筑材料的使用，避免运输的材料超过计划上限，要严格控制材料的使用情况，做到不过多地损耗、浪费材料。总之，在施工阶段的建筑材料管理工作中，要合理安排材料的进库和验收工作，还要掌握好施工进程，从而保证施工需要，管理人员要时常对建筑材料进行检查和记录，以避免材料损失。

3. 材料的维护

工程施工中的一些周转材料，应当按照其规格、型号摆放，并在使用后，及时除锈、上油，对于不能继续使用的材料，应及时更换。

4. 工程收尾材料管理

做好工程的收尾工作，将主要力量、精力放在新施工项目的转移方面，在工程接近收尾时，材料往往已经使用超过 70 %，需要认真检查现场的存料，估计未完工程的实际用料量，在保证平衡的基础上，调整原有的材料计划，消减多余、补充不足，以防止出现剩料情况，从而为清理场地创造良好条件。

（九）建筑机械设备管理与维护的重要性

1. 提高生产效率

建筑机械是建筑生产必不可少的工具，也是建筑企业投入最多的方面。随着科学技术的日新月异，机械现代化是建筑现代化的标志。机械设备的不断更新要求建筑企业应不断更新技术知识，不断适应新环境。机械设备可极大提高生产效率，降低生产成本，从而使建筑企业具有更高的竞争力，在激烈的市场中赢得先机。

2. 在建筑中发挥重要作用

机械设备现代化是建筑现代化的基本条件，越先进的机械设备越能发挥整体效能，越能提高建筑生产质量。不断更新机械设备是建筑企业提高核心竞争力的关键。一些老旧设备、带病运转、安全措施不到位、产品型号混杂、安装不合理等问题都会影响建筑企业的发展，所以适当地对建筑机械设备进行管理与维护，对建筑工程项目的建设具有很重要的意义。

（十）建筑工程项目机械设备管理问题

1. 建筑机械设备自身缺点

施工机械的制造厂商很多，制造厂商之间的建设基地与生产规模、生产能力等差距很大，因此建筑机械的产品质量、产品结构、产品价格也存在很大差距，一些建筑机械制造厂技术水平不高，导致市场建筑机械设备参差不齐，产品质量与产品安全得不到保障，大大提高了建筑事故的发生率。

2. 建筑施工人员素质有待提高

在建筑施工场地，机械设备的操作人员素质不高，多数操作人员文化程度相对较低，操作功能不熟悉、操作技能不熟练、操作经验不足导致其对突发事件的反应能力相对薄弱，更不能预测危险事项带来的后果，建筑招工人员未对员工进行岗前培训，或岗前培训过于形式化，对施工现场需要注意的事项和技巧未能准确告知，从而导致了事故安全隐患的存在。

3. 建筑机械设备的使用过于频繁

由于施工项目的不确定性，有些建筑施工项目未完工而另一个施工项目又急需开工，建筑机械设备几乎“两边跑”，频繁使用造成设备保养不及时、工程机械磨损大，易发生建筑机械设备“带病”工作，加大了工作中的安全隐患。

（十一）建筑机械设备维修与管理措施

1. 设立专职部门

首先，施工单位应该对建筑机械的设备维修与管理有足够的重视，可以设立一个专门的部门负责机械管理维修，必须明确规定部门中各个成员的职责，一旦出现问题，要立即追责，当然如果有维修或管理人员表现良好，那么要给予一定的奖励；其次，施工单位应该完善建筑机械管理与维修档案制度，同时做好统计工作，以便能够对机械设备进行统一的管理；最后，在工程实践中，施工人员必须安排足够的人员来负责建筑机械设备管理，做到定人、定岗、定机，以保证每个机械设备都能够检查到位，作业时不会出现任何故障。

2. 提高防范意识

施工人员应该意识到机械设备的维修与管理也是自己分内的工作，尤其是专门负责这项工作的施工人员，平时要不断加强自身素质，避免维修或管理不当的行为出现。另外，机械设备操作人员在操作过程中，要爱惜机械设备，进行合理操作，在作业结束之后，应对机械设备进行检查，这既能够保证机械设备的性能始终处于良好状态，也能够保证操作人员的自身安全。此外，待到工程竣工之后，施工人员一定要先进行全面检查，再将机械设备调到其他工程场地中，以免影响其他工程进度。

3. 做好建筑机械设备的日常保养

建筑机械设备既需要定期保养，也需要做好日常保养，这样才能够最大限度地保证机械设备始终保持良好状态。

（1）有关部门要依据现实情况，制定科学合理的保养制度，编写保养说明书，并且依据机械设备种类来制定不同的保养措施，以便机械设备的保养更具合理性、针对性。

（2）机械设备的维修与管理人员和机械设备的操作人员要时常沟通，操作人员必须依据保养制度操作，如果是新型的机械设备，维修与管理人员还需要将操作要点告知操作人员，防止操作人员错误操作，损坏机械设备。

（3）建立激励制度，将建筑机械设备的技术情况、安全运行、消耗费用和维护保养等纳入奖惩制度，以调动建筑机械设备管理人员和操作人员的工作积极性。组织开展一些建筑机械设备检查评比活动，来推动机械设备管理部门的工作。

（十二）项目技术管理

1. 项目技术管理的作用

分析项目技术管理的作用，离不开项目目标实现，项目技术管理的作用包括保证、服务及纠偏。利用科学的手段与方法，制定合理可行的技术路线，起到保证项目目标实现的作用。以项目目标为技术管理目标，其所有工作内容均围绕并服务于目标，在项目实施过程中，依靠检测手段，出现偏差时要通过技术措施纠正。

技术管理在项目中的作用会因项目不同而不同，是以科学手段提供保证项目和各项目标实现的方法，是其他管理无法替代的。

2. 建筑工程项目技术管理内容

（1）技术准备阶段的内容

为保证正式施工的进行，在前期的准备工作中，不仅要保证施工中需要的图纸等资料完善无误，还要对施工方案进行反复确认。强调准备工作，能有效降低图纸中存在的质量隐患。在对施工方案进行最终确定之前，应由项目经理及技术管理的相关负责人对其进行审核，并让设计方案保留一定的调整空间，以便在实际施工中遇到有出入的地方可以及时进行协调；在对施工的相关资料进行审核的过程中，各个负责人应对关键部分或有争议的部分进行反复讨论，最终选择最为科学的施工方案；同时，在技术准备阶段，确定施工需要的相关设备与材料等，能为接下来的施工节约一定的材料选择时间，保证施工能顺利完成。

（2）施工阶段的内容

施工阶段的技术管理内容更加复杂，需要调整的空间也较大。在施工期间，工程变更与洽谈、技术问题的解决、材料选择及规范的贯穿等事项都需要技术管理的参与。具体来讲，技术管理主要对施工工程中的施工技术与施工工艺等进行管理与监督，但是施工工程是一个整体，技术管理也会涉及其他方面的内容。并且，只有加强各个方面管理内容的协调与沟通，促使整个施工项目均衡发展，才能使其顺利完工。此外，技术管理还包括对施工工艺的开发与创新，有效解决施工过程中遇到的技术难题，并积极运用新的施工技术与理念，促进施工工艺的现代化及不断进步。

（3）贯穿整个施工工程

技术管理是企业在施工工程中所进行的一系列技术组织与控制内容的总称。技术管理贯穿整个施工工程的全过程，在施工管理中起着重要的影响作用。技术管理涉及施工方案的制定、施工材料的确定、施工工艺及现场安全等事项的分配，对整个施工工程的顺利进行有着直接影响。众所周知，一个施工项目包含的内容比较多，涉及的事项也比较复杂，所以在具体施工过程中，技术管理包含的事项及内容也比较多。技术管理应与施工管理与安全管理等内容同样重要，只有各个方面的管理能够均衡，才能使施工工程的质量得到保证，并且顺利完成施工工程。

四、建筑项目资源的优化管理

工程项目施工需要大量劳动力、材料、设备、资金和技术，其费用一般占工程总费用的 80 % 以上。因此，建筑项目资源的优化管理在整个项目的经营管理中，尤其是成本的控制中占有重要的地位。进行资源管理优化时应遵循以下原则：资源耗用总量最少、资源使用结构合理、资源在施工中均衡投入。

项目资源管理贯穿工程项目施工的整个过程，主要体现在施工实施阶段。承包商在施工方案的制定中，要依据工程施工的实际需要采购和储存材料，配置劳动力和机械设备，将项目所需的资源按时按需、保质保量地供应到施工地点，并合理减少项目资源的消耗，降低成本。

（一）利用工序编组优化调整资源均衡计划

大型工程项目中需要的资源种类繁多、数量巨大，资源供应的制约因素多，资源需求也不平衡。因此，资源计划必须包括所有资源的采购、保管和使用过程，建立完备的控制程序和责任体系，确定劳动力、材料和机械设备的供应和使用计划。

资源计划对施工方案的进度、成本指标的实现有重要的作用。施工技术方案决定了资源在某一时间段的需求量，而作为施工总体网络计划中限制条件的资源，对于工程施工的进度有着重要的影响。同时，项目资源的均衡使用合理降低了资源的消耗，也有助于施工方案成本指标的优化。

1. 单资源的均衡优化

对于单项资源的均衡优化，建筑企业可以利用削峰方法进行局部的调整，但是对于大型工程项目整体资源的均衡，应采用“方差法”进行均衡优化。“方差法”的原理是逐个地对非关键线路上某一工序的开始和完成时间进行调整，然后在这些调整所产生的许多工序优化组合中，找出资源需求量最小的那个组合。然而，对于大型工程项目而言，网络计划中非关键线路上工序的数量很多，资源需求情况也很复杂，调整所产生的工序优化组合会非常多，往往使优化工作变得耗时或不可行，达不到最佳的优化效果。

在实际工程中，可以通过将初始总时差相等，并且工序之间没有时间间隔的一组非关键线路上的工序并为一个工序链，减少非关键线路上工序的数量，减少工序优化的组合。

2. 多资源的均衡优化

对于施工中的多资源均衡优化，可以利用模糊数学方法，综合资源在各种状况下的相对重要程度并排序，确定优化调整的顺序，然后再对资源进行优化调整，对资源的优越性进行排序后，利用方差法对每一种资源计划进行优化调整。资源调整有冲突时，应根据资源的优越性排序确定调整的优先等级。

（二）推进组织管理中的团队建设与伙伴合作

项目组织作为一种组织资源，对建筑企业在施工中节约项目管理费用有着重要的作用。建筑企业应在大型工程项目的施工与管理中，加强项目管理机构的团队建设，与项目各方建立合作伙伴关系。

1. 承包商项目管理团队建设

项目管理团队建设可以提高管理人员的参与度和积极性，增强工作的归属感和提高人员的满意度，形成团队的共同承诺和目标，加强团队成员的交流和沟通，进而提升工作效率。项目管理团队建设还可以有效防范承包商管理的内部风险，节约管理成本。

建筑企业将项目管理团队建设统一在工程项目人力资源管理中。通过制定规范化的组织结构图和工作岗位说明书，建立绩效管理和激励评价机制，来拓展团队成员的工作技能，使团队管理运行流畅，实现团队的共同目标。

2. 与项目各方建立合作伙伴关系

大型工程项目需要不同组织的众多人员共同参与，项目的成功取决于项目参与各方的密切合作。各方的关系不仅是用合同语言表述的工作关系，还需要建立各方更加紧密和高效的合作伙伴关系。

在工程项目的建设中，工程的庞大规模和施工的复杂性决定了项目参与各方建立合作伙伴关系的必要性。建筑企业应在项目施工管理方案中增加与业主、设计院和监理工程师等其他各方建立合作伙伴的内容，以期顺利、成功地完成工程项目的施工。

合作伙伴关系对于项目管理的主要目标——进度、质量、安全和成本管理的影响是明显的。成功的伙伴合作关系不仅能缩短项目工期、降低项目成本、提高工程质量，而且能使项目运行更加安全。

3. 优化材料采购和库存管理

材料的采购与库存管理是建筑工程项目资源管理的重要内容。材料采购管理的任务是保证工程施工所需材料的正常供应，在材料性能满足要求的前提下，控制、减少所有与采购相关的成本，包括直接采购成本（材料价格）和间接采购成本（材料运输、储存等费用），建立可靠、优秀的供应配套体系，努力减少浪费。

大型工程项目材料品种、数量多，体积庞大，规格型号复杂，而且施工多为露天作业，易受时间、天气和季节的影响，材料的季节性消耗和阶段性消耗问题突出。同时，施工过程中的许多不确定性因素，如设计变更、业主对施工要求的调整等，也会导致材料需求的变更。采购人员在材料采购时，不仅要保证材料的及时供应，还要考虑市场价格波动对整个工程成本的影响。

（三）建筑工程项目资源优化

1. 建筑工程项目中资源优化的必要性与可行性

当前我国社会化大生产使资源优化的矛盾日益凸显，土地供给紧张，主要原材料纷纷告缺，资源的利用和保护再次成为关注的焦点。建筑工程的建设是一个资源高消耗工程，不但需要消耗大量的钢材、水泥等建筑资源，还要占用土地、植被等自然资源。建筑工程项目可以从全局上来分配资源，平衡各个项目的需求，达成整体工程项目的目标。这是传统职能型管理的一大优点，因为局部最优并不一定是整体最优。但是职能部门对项目缺少直接、及时的了解和关注，而“项目”具有实施难度，很难准确估测，随时可能有突发事件发生。这种情况下，职能部门按部就班的工作模式就无法应对项目的各种突发事件，无法及时向有需求的项目组提供资源。

2. 资源优化的程序和方法

可以将建筑资源优化过程划分为更新策划与资源评价、方案设计与施工设计、工程实施三个阶段来进行。

建筑资源评价是在建筑资源调查的基础上，从合理开发利用和保护建筑资源，以及取得最大的社会、经济、环境效益的角度出发，选择某些因子，运用科学的方法，对一定区域内建筑资源本身的规模、质量、分级，以及开发前景和施工开发条件进行综合分析和评判鉴定的过程。

资源评价与更新策划的工作是最为重要的环节，也是现阶段旧建筑资源优化工作的瓶颈。从工作内容上来讲，资源评价与概念策划是建筑师职能的拓展，将建筑师的研究领域从传统的仅注重空间尺度、比例、造型，拓展到了对人、社会、环境生态、经济等方面的重视。

资源利用的可靠性评价环节可以与规划相互沟通，将可利用资源通过定性与定量的方式表现出来，并通过文字将更新思想程序化、逻辑化地表达给投资商、政策管理机构，最后将策划成果直接用于改造设计。在工作中，若始终保持连续性，将有利地保证更新在持续合理的状态中进行。例如，在建筑设计中，在标准阶段进行优化，要有精细的设计，要根据每个建筑的不同特性去做精细的设计。在选择钢筋时，细而密的钢筋一般会同时具有经济和安全的双重优点。例如：细钢筋用作板和梁的纵筋时，锚固长度可以缩短，裂缝宽度一定会减小；细钢筋用作箍筋时，弯钩可以缩短，安全度又不会降低。追求性价比的概念不是说性价比最高的方案就是开发商应该要的，而是最适合的才是应当被选择、被采纳的。

3. 建筑工程项目资源优化的意义

资源是一个工程项目实施最主要的要素，是支撑整个项目的物质保障，是工程实施必不可少的前提条件。真正做到资源优化管理，将项目实施所需的资源按正确的时间、数量供应到正确的地点，降低资源成本消耗，是节约工程成本的主要途径。

只有不断地提高人力资源的开发和管理水平，才能充分开发人的潜能。以全面、缜密的思维和优化的管理方式，保证项目以更低的投入获得更高的产出，切实保障进度计划的落实、工程质量的优良、经济效益的最佳。只有重视项目计划和资源计划控制的实践性，真正地去完善项目管理行为，才能够根据建筑项目的进度计划合理、高效地利用资源，才能达到提高项目管理的综合效益、促进整体优化的目的。

（四）建筑工程项目资源管理优化内容

1. 施工资源管理环节

在项目施工过程中，对施工资源进行管理应注意以下几个环节。

（1）编制施工资源计划

编制施工资源计划的目的是对资源投入量、投入时间和投入步骤做出合理安排，以满足施工项目实施的需要，计划是优化配置和组合的手段。

（2）资源的供应

按照编制的计划，从资金来源到投入施工项目上实施，使计划得以实现，施工项目的需要得以保证。

（3）节约使用资源

根据每种资源的特性，制定出科学的措施，进行动态配置和组合，协调投入、合理使用，不断地纠正偏差，以尽可能少的资源满足项目的使用需求，达到节约的目的。

（4）合理预算

进行资源投入、使用与产出的核算，达到节约使用的目的。

（5）进行资源使用效果的分析

一方面，进行资源使用效果的分析是对管理效果的总结，可以找出经验和问题，评价管理活动；另一方面，进行资源使用效果的分析为管理提供储备和反馈消息，以指导以后（或下一循环）的管理工作。

2. 建筑项目资源管理的优化

目前，国内在建的一些工程项目中，相当一部分施工企业还没有真正地做到科学管理，在项目的计划与控制技术方面，更是缺少科学的手段和方法。要解决好这些问题，应该做到以下几点。

（1）科学合理地安排施工计划

安排施工计划时应考虑人工、机械、材料的使用问题，使各工种能够相互协调、密切配合，有次序、不间断地均衡施工。因此，科学并合理安排人工、机械、材料，使其在施工阶段内能够连续、均衡地发挥效益是必要的，这就需要对工程进行全面规划，编制出与实际相适应的施工资源计划。

（2）做好人力资源的优化

一个工程项目的正常发展，关键在于对人力资源的管理。

①实行招聘录用制度。对所有岗位进行职务分析，制定每个岗位的技能要求和职务规范。广泛向社会招聘人才，对通过技能考核的人员，遵照少而精、宁缺毋滥的原则录用，做到岗位与能力相匹配。

②合理分工，开发潜能。对所有的在岗员工进行合理分工，并充分发挥个人特长，给予他们更多实际工作的机会，开发他们的潜能，做到“人尽其才”。

③为员工搭建一个公平竞争的平台。只有通过公平竞争才能使人才脱颖

而出，才能吸引并留住真正有才能的人。

④建立绩效考核体系。确立考核内容，对技术水平、组织能力等进行考核，不同的考核运用不同的考核方法。

⑤建立晋升、岗位调换制度。以绩效为基础，以技能为主，通过考核把真正有能力、有水平的员工晋升至更重要的岗位，以发挥更大的作用。

⑥建立薪酬分配机制。对有能力、有水平的在岗员工，项目管理者应该着重使高额报酬与高中等的绩效奖励相结合，并给予中等水平的员工福利待遇，调动在岗员工的积极性，使人人都有一个奋发向上的工作热情，形成一个有技能的创业型团队。

⑦建立末位淘汰制度。以绩效技能考核为依据，制定并严格遵循“末位淘汰制度”，将不适应工作岗位、不能胜任本职工作的人员淘汰出局，以达到“留住人才”的目的。

（3）要做好物质资源的优化

①对建筑材料、资金进行优化配置，即适时、适量、比例适当、位置适宜地投入建筑材料、资金，以满足施工需要。

②对机械设备优化组合，即对投入施工项目的机械设备在施工中适当搭配，相互协调地发挥作用。

③对设备、材料、资金进行动态管理。动态管理的基本内容就是按照项目的内在规律，有效地计划、组织、协调、控制各种物质资源，使之在项目中合理流动，在动态中寻求平衡。

[illegible]

第五章　建筑项目进度管理与质量管理

第一节　建筑项目进度管理因素与优化

一、项目进度管理

（一）项目进度管理的基本概念

1. 项目进度的概念

项目进度是指项目活动在时间上的排列，强调的是一种工作进展及对工作的协调和控制，所以常有加快进度、赶进度、拖了进度等说法。对于项目进度，通常还以其中的一项内容——“工期”来代称，讲工期也就是讲进度。只要是项目，就有一个进度问题。

2. 进行项目进度管理的必要性

项目管理集中反映在成本、质量和进度三个方面，反映了项目管理的实质，这三个方面通常称为项目管理的“三要素”。进度是三要素之一，它与成本、质量两要素有着辩证的有机联系。对进度的要求是通过严密的进度计划及合同条款的约束，使项目能够尽快地竣工。

实践表明，质量、工期和成本是相互影响的。一般来说，在工期和成本之间，若项目进展速度越快，完成的工作量越多，则单位工程量的成本越低。但突击性的作业，往往也增加成本。在工期与质量之间，一般工期越紧，如采取快速突击、加快进度的方法，项目质量就较难保证。项目进度的合理安排，对保证项目的工期、质量和成本有直接的影响，是全面实施“三要素”的关键环节。科学且符合合同条款要求的项目进度，有利于控制项目成本和质量。仓促赶工或任意拖拉，往往伴随着费用管理的失控，也容易影响工程质量。

3. 项目进度管理概念

项目进度管理又称为项目时间管理，是指在项目进展的过程中，为了确保能够在规定的时间内实现项目的目标，对项目活动进度及日程安排所进行的管理过程。

（二）项目进度管理的基本内容

项目进度管理包括两大部分内容：一个是项目进度计划的编制，是指在规定的时间内编制合理且经济的进度计划；另一个是项目进度计划的控制，是指在执行该计划的过程中，检查实际进度是否按计划要求进行，若出现偏差，要及时找出原因，采取必要的补救措施或调整、修改原计划，直至项目完成。

1. 项目进度管理过程

（1）活动定义

活动定义是指确定为完成各种项目可交付成果所必须进行的各项具体活动。

（2）活动排序

活动排序是指确定各活动之间的依赖关系，并将其做成文档。

（3）活动资源估算

活动资源估算是指估算完成每项确定时间的活动所需要的资源种类和数量。

（4）活动时间估算

活动时间估算是估算完成每项活动所需要的单位工作时间。

（5）进度计划编制

进度计划编制是分析活动顺序、活动时间、资源需求和时间限制，以编制项目进度计划。

（6）进度计划控制

进度计划控制是运用进度控制方法，对项目实际进度进行监控，对项目进度计划进行调整。项目进度管理过程的工作是在项目管理团队确定初步计划后进行的。有些项目，特别是一些小项目，活动排序、活动资源估算、活动时间估算和进度计划编制这些过程紧密相连，可视为一个过程，可由一个人在较短时间内完成。

（7）项目进度计划编制

项目进度计划编制是通过项目的活动定义、活动排序、活动时间估算的，在综合考虑项目资源和其他制约因素的前提下，确定各项目活动的起始和完成日期、具体实施方案和措施，进而制订整个项目的进度计划。其主要目的是：合理安排项目时间，从而保证项目目标的完成；为项目实施过程中的进度控制提供依据；为各资源的配置提供依据；为有关各方时间的协调配合提供依据。

（8）项目进度计划控制

项目进度计划控制是指在项目进度计划制订以后，项目实施过程中，对实施进展情况进行检查、对比、分析、调整，以保证项目进度计划总目标得以实现的活动。按照不同管理层次对进度控制的要求项目分为以下三类。

①项目总进度控制，即项目经理等高层管理部门对项目中各时间的进度控制。

②项目主进度控制，主要是项目部门对项目中每一主要事件的进度进行控制。在多级项目中，这些事件可能是各个分项目。通过控制项目主进度使其按计划进行，就能保证总进度计划的如期完成。

③项目详细进度控制，主要是各作业部门对各具体作业进度计划的控制。这是进度控制的基础，只有详细进度得到较强的控制，才能保证主进度按计划进行，最终保证项目总进度，使项目目标顺利实现。

二、建筑工程项目进度管理

（一）建筑工程项目进度管理概念

建筑工程项目进度管理，是指根据进度目标的要求，对建筑工程项目各阶段的工作内容、工作程序、持续时间和衔接关系编制计划，并将该计划付诸实施。在实施的过程中，应经常检查实际工作是否按计划的要求进行，分析出现偏差的原因，采取补救措施或调整、修改原计划，直至工程竣工、交付使用。进度管理的最终目的是确保项目工期目标的实现。

建筑工程项目进度管理是建筑工程项目管理的一项核心管理职能。由于建筑项目是在开放的环境中进行的，其置身于特殊的法律环境之下，并且生产过程中的人员、工具与设备具有流动性，产品具有单件性等都决定了进度管理的复杂性及动态性，必须加强项目实施过程中的跟踪控制。进度控制与质量控制、投资控制一样是工程项目建设中并列的三大目标之一。它们之间有着密切的相互依赖和制约关系。通常来说，若进度加快，就需要增加投资，但若工程能提前使用就可以提高投资效益；若进度加快，就有可能影响工程质量，而严格控制质量则有可能影响进度，但如因质量的严格控制而减少返工，又会加快进度。因此，项目管理者在实施进度管理工作中，要对三个目标全面、系统地加以考虑，正确处理进度、质量和投资的关系，提高工程建设的综合效益。特别是一些投资较大的工程，在采取进度控制措施时，要特别注意其对成本和质量的影响。

（二）建筑工程项目进度管理的方法和措施

建筑工程项目进度管理的方法主要有规划、控制和协调。规划是指确定施工项目总进度的控制目标和分进度控制目标，并编制其进度计划；控制是指在施工项目实施的全过程中，比较施工实际进度与施工计划进度，出现偏差应及时采取措施调整；协调是指协调与施工进度有关的单位、部门和施工工作队之间的进度关系。

建筑工程项目进度管理采取的主要措施有组织措施、技术措施、合同措施和经济措施。

1. 组织措施

组织措施主要包括建立施工项目进度实施和控制的组织系统，制定进度控制工作制度，如检查时间、方法，召开协调会议，落实各层次进度控制人员、具体任务和工作职责，确定施工项目进度目标，建立施工项目进度控制目标体系。

2. 技术措施

采取技术措施时，应尽可能采用先进施工技术、方法和新材料、新工艺、新技术，保证进度目标的实现。落实施工方案，在发生问题时，应及时调整工作之间的逻辑关系，加快施工进度。

3. 合同措施

采取合同措施时，以合同形式保证工期进度的实现，即保持总进度控制目标与合同的总工期一致，分包合同的工期与总包合同的工期一致，供货、供电、运输、构件加工等合同规定提供服务的时间与有关的进度控制目标一致。

4. 经济措施

经济措施是指落实进度目标的保证资金，签订并实施关于工期和进度的经济承包责任制，建立并实施关于工期和进度的奖惩制度。

（三）建筑工程项目进度管理的内容

1. 项目进度计划

建筑工程项目进度计划包括项目的前期、设计、施工和使用前的准备等内容。项目进度计划的主要内容就是制订各级项目进度计划，包括进行总控制的项目总进度计划、进行中间控制的项目分阶段进度计划和进行详细控制的各子项目进度计划，并对这些进度计划进行优化，以达到对这些项目进度计划的有效控制。

2. 项目进度实施

建筑工程项目进度实施，就是在资金、技术、合同、管理信息等方面的进度保证措施落实的前提下，使项目进度按照计划实施。如果施工过程中存在各种干扰因素，那么其将使项目进度的实施结果偏离进度计划，项目进度实施的任务就是预测这些干扰因素，对其风险程度进行分析，并采取预控措施，以保证实际进度与计划进度吻合。

3. 项目进度检查

建筑工程项目进度检查的目的是了解和掌握建筑工程项目进度计划，在实施过程中的变化趋势和偏差程度。项目进度检查的主要内容有跟踪检查、数据采集和偏差分析。

4. 项目进度调整

建筑工程项目进度调整，是整个项目进度控制中最困难、最关键的内容，其包括以下几个方面的内容。

（1）偏差分析

偏差分析是分析影响进度的各种因素和产生偏差的前因后果。

（2）动态调整

寻求进度调整的约束条件和可行方案。

（3）优化控制

调控的目标是使工程项目的进度和费用变化最小，使其达到或接近进度计划的优化控制目标。

三、建筑工程项目进度管理的基本原理

（一）动态控制原理

动态控制是指对建设工程项目在实施的过程中，在时间和空间上的主客观变化，而进行项目管理的基本方法论。项目在实施过程中，主客观条件的变化是绝对的，主客观条件的不变是相对的；在项目进展过程中，平衡是暂时的，不平衡是永恒的。因此，在项目的实施过程中，必须随着情况的变化进行项目目标的动态控制。

建筑工程进度控制是一个不断变化的动态过程，在项目开始阶段，实际进度按照计划进度进行，但由于外界因素的影响，实际进度往往会与计划进度出现偏差，出现超前或滞后的现象。这时，应分析偏差产生的原因，采取相应改进措施，调整原来的计划，使二者在新的起点上重合，并发挥组织管理作用，使实际进度继续按照计划进度进行。在一段时间后，实际进度和计划进度又会出现新的偏差。因此，建筑工程进度控制出现了一个动态的调整过程。

（二）系统原理

系统原理是现代管理科学一个最基本的原理。它是指人们在从事管理工作时，运用系统的观点、理论和方法对管理活动进行充分的系统分析，以达到管理的优化目标，即从系统论的角度来认识和处理企业管理中出现的问题。

系统是普遍存在的，它既可以应用于自然和社会事件，又可应用于大小单位组织的人际关系之中。因此，通常可以把任何一个管理对象都看成是特定的系统。组织管理者要想实现管理的有效性，就必须对管理进行充分的系统分析，把握住管理的每一个要素及要素间的联系，实现系统化的管理。

建筑工程项目是一个大系统，其进度控制也是一个大系统，在进度控制中，计划进度的编制受到许多因素的影响，不能只考虑某一个因素或其中几个因素。进度控制组织和进度实施组织具有系统性，因此工程进度控制也具有系统性，应该综合考虑各种因素的影响。

（三）信息反馈原理

信息反馈就是指由控制系统把信息输送出去，又把其作用的结果返送回来，并对信息的再输出发生影响，起到控制的作用，以达到预定的目的。信息反馈是建筑工程进度控制的重要环节，施工的实际进度通过信息反馈给基层进度控制工作人员，在分工的职责范围内，信息经过加工后逐级反馈给上级主管部门，最后到达主控制室，由主控制室整理统计各方面的信息，经过比较分析后做出决策，调整进度计划。进度控制不断调整的过程实际上就是信息不断反馈的过程。

（四）弹性原理

所谓弹性原理，是指管理必须要有很强的适应性和灵活性，用以适应系统外部环境和内部条件千变万化的形势，实现灵活管理。

建筑工程的工期长、影响进度的因素多，因此进度计划的编制就要留出余地，使计划进度具有弹性。进行进度计划控制时应利用这些弹性，缩短有关工作的时间，或改变工作之间的搭接关系，使实际进度和计划进度吻合。

（五）封闭循环原理

项目进度计划控制的全过程是计划、实施、检查、比较分析、确定调整措施、再计划。从编制项目施工进度计划开始，经过实施过程中的跟踪检查，收集有关实际进度的信息，比较和分析实际进度与施工计划进度之间的偏差，找出产生原因和解决办法，确定调整措施，再修改原进度计划，形成一个封闭的循环系统。

（六）网络计划技术原理

网络计划技术是指用于工程项目的计划与控制的一项管理技术，其起源有关键路径法与计划评审法之分。通过网络分析研究工程费用与工期的相互关系，并找出在编制计划及计划执行过程中的关键路线，这种方法称为关键路线法。另一种注重对各项工作安排的评价和审查的方法称为计划评审法。

网络计划技术原理是建筑工程进度控制的计划管理和分析计算的理论基础。在进度控制中，既要利用网络计划技术原理编制进度计划，根据实际进度信息，比较和分析进度计划，又要利用网络计划的工期优化、工期与成本优化和资源优化的理论调整进度计划。

四、影响建筑工程项目进度的因素

（一）自然环境因素

由于工程建设项目具有庞大、复杂、周期长、相关单位多等特点，且建筑工程施工进程会受到地理位置、地形条件、气候及周边环境等的影响，在实际的施工过程中，如果这些不利因素中的某一类因素出现，就会对施工进程造成一定的影响。当施工的位置处于山区、交通不发达或者是恶劣的地质条件下时，由于施工工作面较小，施工场地较为狭窄，建筑材料无法及时供应，或者是运输建筑材料时需要花费大量的时间，再加上野外环境中对工作人员的考验，一些有毒、有害的蚊虫等都将对工作人员造成伤害，进而对施工进程造成一定的影响。

天气不仅影响施工进程，而且有时候天气过于恶劣，会对施工路面、场地、已经施工完成的部分建筑物及相关施工设备造成严重破坏，这将进一步阻碍施工的进行。反之，如果建筑工程施工的地域地形平坦并且交通便利，便于设备和建筑材料的运输，而且环境气候宜人，则有利于施工进程的控制。

（二）建筑工程材料、设备因素

材料、构配件、机具、设备供应环节的差错，品种、规格、质量、数量、时间不能满足工程的需要，特殊材料及新材料的不合理使用，施工设备不配套、造型不当、安装失误、有故障，等等。这些因素都会影响施工进度。比如，建筑材料供应不及时，就会出现缺料停工的现象，而工人的工资还需正常计费，这无疑是对企业的重创，不仅没有带来利润而且消耗了人力资源。此外，在资金到位、所有材料一应俱全的时候，还需要注意材料的质量，确保材料质量达标，如果材料存在质量问题，在施工的过程中将会出现塌方、返工，影响施工质量，最终延误工期。

（三）施工技术因素

施工技术是影响施工进程的直接因素，尤其是一些大型的建筑项目或者新型的建筑。即便是一些道路或者房屋建筑类的施工项目，其中蕴含的施工技术也是大有讲究的，科学、合理的施工技法能够明显加快施工进程。

由于建筑项目的不同，因此建筑企业在选择施工方案的时候也有所不同，施工人员与技术人员要正确、全面地分析并了解项目的特点和实际施工情况，实地考察施工环境，而且要设计好施工图纸，施工图纸要求简单明了，在需要标注的地方一定要勾画出来，以免图纸会审工作中出现理解偏差，应选择合适的施工技术，保障在规定的时间内完成工程，在具体施工的过程中，由于业主对需求或功能的变更，原设计将不再符合施工要求，因此要及时调整、优化施工方案和施工技术。

（四）项目管理人员因素

在整个建筑工程的施工中，排除外界环境的影响，人作为主体影响着整个工程的工期，其建筑项目主要管理人员的能力与知识和经验直接影响着整个工程的进度。在实际的施工过程中，由于项目管理人员没有实践活动的经验基础，或者没有真才实学，缺乏施工知识和技术，无法对一些复杂的、影响工程进度的因素有一个好的把控，或者项目管理人员不能正确地认识工程技术的重要性，没有认真投入项目建设，人为地降低了项目建设技术、质量标准，没有意识到施工中潜在的危险，而且对风险的预备处理不足，这会严重影响整个工程施工的进程。

此外，项目管理人员的管理不到位，工厂现场的施工工序和建筑材料的堆放不够科学、合理，对施工人员施工动作产生影响，这也会对后期的建筑质量造成一定的冲击。施工人力资源和设备的搭配不够合理，浪费了较多的人力资源，致使施工中出现纰漏等都将直接或间接地对施工进程造成一定的影响。最主要的一点就是，项目管理人员在建筑施工前几个月，审批工作不够及时，也会影响施工工期，这种影响可以说是项目管理人员对工程项目的态度不够端正造成的，一旦出现这种问题，企业则需要认真考虑是否应该重新指定相关项目管理人员，防止影响施工进度。

（五）其他因素

1. 建设单位因素

建设单位即业主的使用要求改变而需要进行设计变更，应提供的施工场地不能及时提供或所提供的场地不能满足工程的正常需要，不能及时向施工承包单位或材料供应商付款，等等。这些因素都会影响施工进度。

2. 勘察设计因素

勘察资料不准确，特别是地质资料错误或遗漏，设计内容不完善，规范应用不恰当，设计有缺陷或错误，设计时未考虑施工的可能性或考虑不周，施工图纸供应不及时、不配套，出现重大差错，等等。这些因素也都会影响施工进度。

（六）资金因素

工程项目的顺利进行必须要有雄厚的资金作为保障，由于其涉及多方利益，因此往往成为较受关注的因素。按其计入成本的方法划分，一般分为直接费用、间接费用两部分。

1. 直接费用

直接费用是指直接为生产产品而产生的各项费用，包括直接材料费、直接人工费和其他直接支出。工程项目中的直接费用是指施工过程中直接耗费构成的支出。

2. 间接费用

间接费用是指企业的各项目经理和部门为施工准备、组织和管理施工生产所产生的全部施工间接支出。此外，如有关方拖欠资金、资金不到位、资金短缺、汇率浮动和通货膨胀等也都会影响建筑工程的进度。

五、建筑工程施工进度管理的具体措施

（一）对项目组织进行控制

在进行施工组织人员的组建过程中，要尽量选取施工经验丰富的人；为了能够实现工期目标，在签署合同后，要求项目管理人员及时到施工工地进行实地考察，制定实施性施工组织设计，还要与施工当地的政府和民众建立联系，获得当地民众的支持，从而为建筑工程的施工创造有利的外界环境条件，确保施工顺利进行；在建筑工程项目施工前，要结合现场施工条件，来制定具体的建筑施工方案，确保在施工中实现标准化，能够在施工中严格按照规定的管理标准来合理安排工序。

1. 优秀合格的项目经理

在建筑工程施工中选择一名优秀合格的项目经理，对于工程项目工程进度的提升具有十分积极的影响。由于项目经理自身掌握着扎实的理论知识和过硬的专业技能，能够结合实际的建筑工程项目施工情况，最大限度地利用现有资源去提升施工工程的施工效率。因此，在选择项目经理的时

候，要注重考察项目经理的管理能力、执行能力、专业技能、人际交往能力等，只有这样才能够实现工程的合理妥善管理，对于缩短建筑工程施工工期有巨大帮助。

2. 优秀合格的监理

要想对建筑施工工程的工期进行合理控制，除了对施工单位采取措施，还要发挥工程监理的作用，协调各个承包单位之间的关系，实现良好的合作关系，缩短施工工期。而对于那些难以进行协调控制的环节和关系，在总的建筑工程施工进度安排计划中要预留充分的时间进行调节。对于一名工程的业主和由业主聘请的监理工程师来说，要努力尽到自身的义务，尽力在规定的工期内完成施工任务。

（二）对施工物资进行控制

为了确保建筑工程施工进度符合要求，必须要对施工过程每个环节中的材料、配件、构件等进行严格的控制。在施工过程中，要对所有的物资进行严格的质量检验工作。在制订出整个工程进度计划后，施工单位要根据实际情况来制订最合理的采购计划。在采购材料的过程中，要重视材料的供货时间、供货地点、运输时间等，确保施工物资能够符合建筑工程施工过程中的需求。

（三）对施工机械设备进行控制

施工机械设备对建筑工程施工进度影响非常大，要避免因施工机械设备故障影响进度。在建筑施工中应用最广的塔吊对整个工程项目的施工进度起决定性作用，所以要重视塔吊问题。在塔吊的安装过程中就要确保塔吊的稳定性，必须由专门的质量安全机构进行检查，检查合格后才能够投入施工建设工作中，避免后续出现问题。操作塔吊的工作人员必须是具有上岗证的专业人员。施工场地中的所有建筑机械设备都要通过专门的部门检查和证明，所有的设备操作人员都要符合专业要求，并且要实施岗位责任制。此外，塔吊的位置设置应科学合理，想方设法物尽其用。

（四）对施工技术和施工工序进行控制

尽量选用合适的技术，减少技术变更，加快进度。在施工开展前，要对施工工程的图纸进行审核工作，确保施工单位明确施工图纸中的每个细节，如果出现不懂或者有疑问的地方，要及时和设计单位进行联系，确保对图纸的全面理解。在对图纸全面理解后，要对项目总进度计划和各个分项目计划做出宏观调控，对关键的施工环节编制严格且合理的施工工序，确保施工进度符合要求。

六、项目进度控制

（一）项目进度控制的过程

项目进度控制是项目进度管理的重要内容和重要过程之一，由于项目进度计划只是根据相关技术对项目的每项活动进行估算，并做出项目的每项活动进度的安排。在编制项目进度计划时，难以预料的问题很多，因此在项目进度计划执行过程中往往会发生程度不等的偏差，这就要求项目经理和项目管理人员对计划做出调整、变更，消除偏差，使项目按合同日期完成。

项目进度计划控制就是对项目进度计划实施与项目进度计划变更所进行的控制工作，具体地说，项目进度计划控制就是在项目正式开始实施后，要时刻对项目及其每项活动的进度进行监督，及时、定期地将项目实际进度与项目计划进度进行比较，掌握和度量项目的实际进度与计划进度的差距，一旦出现偏差，就必须采取措施纠正偏差，以维持项目进度的正常进行。

根据项目管理的层次，项目进度计划控制可以分为：项目总进度控制，即项目经理等高层管理部门对项目中各里程碑事件的进度控制；项目主进度控制，主要是项目部门对项目中每一主要事件的进度控制；项目详细进度控制，主要是各具体作业部门对各具体活动的进度控制，这是进度控制的基础。只有详细进度得到较强的控制才能保证主进度按计划进行，最终保证项目总进度，使项目按时完成。因此，项目进度控制要定位于项目的每项活动中。

（二）项目进度控制的目标

项目进度控制总目标是依据项目总进度计划确定的，然后对项目进度控制总目标进行层层分解，形成实施进度控制、相互制约的目标体系。

项目进度目标是从总的方面对项目建设提出的工期要求。但在项目活动中，是通过对最基础分项工程的进度控制来保证各单项工程或阶段工程进度控制目标的完成，进而实现项目进度控制总目标的。因此，需要对总进度目标进行一系列从总体到局部、从高层次到基础层次的层层分解，一直分解到可以直接调度控制的分项工程或作业过程为止。在分解中，每一层次的进度控制目标都限定了下一级层次的进度控制目标，而较低层次的进度控制目标又是较高级层次进度控制目标得以实现的保证，于是就形成了一个自上而下、层层约束，由下而上、级级保证，上下一致的多层次进度控制目标体系。例如，可以按项目实施阶段、项目所包含的子项目、项目实施单位及时间来设立分目标。为了方便地控制与协调项目进度，可以从不同角度建立与施工进度控制目标体系相联系的、配套的进度控制目标。

七、施工进度计划管理

（一）工程项目施工进度计划的任务

施工进度计划是建筑工程施工的组织方案，是指导施工准备和组织施工的技术、经济文件。编制施工进度计划，必须在充分研究工程的客观情况和施工特点的基础上，结合施工企业的技术力量、装备水平，从人力、机械、资金、材料和施工方法五个基本要素上进行统筹规划、合理安排，充分利用有限的空间与时间，采用先进的施工技术，选择经济合理的施工方案，建立正常的生产秩序，用最少的资源和资金取得质量高、成本低、工期短、效益好、用户满意的建筑产品。

（二）工程项目施工进度计划的作用

工程项目施工进度计划是施工组织设计的重要组成部分，是施工组织设计的核心内容。编制施工进度计划是在施工方案已确定的基础上，在规定的工期内，对构成工程的各组成部分（如各单项工程、各单位工程、各分部分项工程）在时间上给予科学的安排，这种安排是按照各项工作在工艺上和组织上的先后顺序，确定其衔接、搭接和平行的关系，计算出每项工作的持续时间，确定其开始时间和完成时间，根据各项工作的工程量和持续时间确定每项工作的日（月）工作强度，从而确定完成每项工作所需要的资源数量（工人数量、机械数量及主要材料的数量）。

施工进度计划还表示出各个时段所需各种资源的数量，以及各种资源强度在整个工期内的变化，从而进行资源优化，以达到资源的合理安排和有效利用。根据优化后的进度计划确定各种临时设施的数量，并提出所需各种资源数量的计划表。在施工期间，施工进度计划是指导和控制各项工作进展的指导性文件。

（三）工程项目进度计划的种类

根据施工进度计划的作用和各设计阶段对施工组织设计的要求，将施工进度计划分为以下几种类型。

1. 施工总进度计划

施工总进度计划是整个建设项目的进度计划，是对各单项工程或单位工程的进度进行优化安排，在规定的建设工期内，确定各单项工程和施工顺序、开始和完成时间，计算主要资源数量，用以控制各单项工程或单位工程的进度。

施工总进度计划与主体工程施工设计、施工总平面布置相互联系、相互影响。当业主提出一个控制性的进度时，工程施工设计据此选择施工方案，组织技术供应和场地布置。相反，施工总进度计划又受到主体工程施工设计和施工总平面布置的限制，施工总进度计划的编制必须与施工场地布置相协调；在施工总进度计划中，选定的施工强度应与施工方法中选用的施工机械能力相适应。在安排大型项目的总进度计划时，应使后期投资多，以提高投资利用系数。

2. 单项工程施工进度计划

单项工程施工进度计划以单项工程为对象，在施工图设计阶段的施工组织设计中进行编制，用于直接组织单项工程施工。它根据施工总进度计划中规定的各单项工程或单位工程的施工期限，安排各单位工程或各分部分项工程的施工顺序、开竣工日期，并根据单项工程施工进度计划修正施工总进度计划。

3. 单位工程施工进度计划

单位工程施工进度计划是以单位工程为对象，一般由承包商进行编制，可分为标前施工进度计划和标后施工进度计划。在标前（中标前）的施工组织设计中所编制的施工进度计划是投标书的主要内容，在投标时使用。在标后（中标后）的施工组织设计中所编制的施工进度计划，在施工中用以指导施工。单位工程施工进度计划是实施性的进度计划，根据各单位工程的施工期限和选定的施工方法安排各分部分项工程的施工顺序和开竣工日期。

4. 分部分项工程施工作业计划

工程规模大、技术复杂和施工难度大的工程项目，在编制单位工程施工进度计划之后，常常需要编制某些主要分项工程或特殊工程的施工作业计划，作为直接指导现场施工和编制月（旬）作业计划的依据。

5. 各阶段，各年、季、月（旬）的施工进度计划

各阶段的施工进度计划，是承包商根据所承包的项目在建设各阶段所确定的进度目标而编制的，用以指导阶段内的施工活动。为了更好地控制施工进度计划的实施，应将进度计划中确定的进度目标和工程内容按时序进行分解，即按年、季、月（旬）编制作业计划和施工任务书，并编制年、季、月（旬）所需各种资源的计划表，用以指导各项作业的实施。

（四）施工进度计划编制的原则

1. 施工过程的连续性

施工过程的连续性是指施工过程中的各阶段、各项工作的进行，在时间上应是紧密衔接的，不应发生不合理的中断，以保证时间的有效利用。保持

施工过程的连续性应从工艺和组织上设法避免施工队发生不必要的等待和窝工，以达到提高劳动生产率、缩短工期、节约流动资金的目的。

2. 施工过程的协调性

施工过程的协调性是指施工过程中的各阶段、各项工作之间，在施工能力或施工强度上要保持一定的比例关系。各施工环节劳动力的数量和生产率、施工机械的数量，生产率与主导机械之间或主导机械与辅助机械之间的配合都必须互相协调，以防出现脱节或比例失调的现象。例如，混凝土工程中混凝土的生产、运输和浇筑三个环节之间的关系，混凝土的生产能力应满足混凝土浇筑强度的要求，混凝土的运输能力应与混凝土的生产能力相协调，使之不发生混凝土拌和设备等待汽车，或汽车排队等待装车的现象。

3. 施工过程的均衡性

施工过程的均衡性是指施工过程中各项工作按照计划要求，在一定的时间内完成相等或等量递增（或递减）的工程量，使在一定的时间内各种资源的消耗量保持相对稳定，不发生时紧时松、忽高忽低的现象。在整个工期内各种资源都得到均衡的使用，这是一种期望，绝对的均衡是难以做到的，但通过优化手段来安排进度，资源消耗可以达到趋于均衡的状态。相对均衡施工能够充分利用劳动力和施工机械，并达到经济性的要求。

4. 施工过程的经济性

施工过程的经济性是指以尽可能小的劳动消耗来取得尽可能大的施工成果，在不影响工程质量和进度的前提下，尽力降低成本；在工程项目施工进度的安排上，做到施工过程的连续性、协调性和均衡性，即可达到施工过程的经济性。

（五）编制施工进度计划必须考虑的因素

编制施工进度计划必须考虑的因素有工期的长短、占地和开工日期、现场条件和施工准备工作、施工方法和施工机械、施工组织与管理人员的素质、合同与风险承担。

1. 工期的长短

编制施工进度计划最有意义的是相对工期，即相对于施工企业能力的工期。相对工期长即工期充裕，施工进度计划就比较容易编制，施工进度控制也就比较容易，反之则难。除总工期外，还应考虑局部工期，如施工中可能遇到哪些“卡脖子”的问题，有何备用方案。

2. 占地

由于占地问题影响施工进度的例子有很多，因此业主方应尽量做好赔偿工作，使当地居民满意，同时应适当使用法律手段来维护秩序。

3. 现场条件和施工准备工作

现场条件包括连接现场与交通线的道路条件、供电供水条件、当地工业条件、机械维修条件、水文气象条件、地质条件、水质条件及劳动力资源条件等。其中，当地工业条件主要是建筑材料的供应能力。例如，水泥、钢筋的供应条件，以及生活必需品和日用品的供应条件。劳动力资源条件主要是当地劳动力的价格、民工的素质及生活习惯等。水质条件主要是现场充足的、满足混凝土拌和要求的水源。有时候地表水的水质不符合要求，就要打深井取水或进行水质处理，这对工期有一定的影响。气象条件主要是当地的雨季、年最高最低气温、无霜期等。供电和交通条件对工期的影响也是很大的，对一些大型工程往往要单独建立专用交通线和供电线路，而小型工程要完全依赖当地的交通和供电条件。

业主方施工准备工作主要有施工用地的占有、资金准备、图纸准备及材料供应的准备；承包商方施工准备工作主要有人员、设备和材料进场，场内施工道路、临时车站、临时码头建设，场内供电线路架设，通信设施、水源及其他临时设施准备。现场条件不好或施工准备工作难度较大的工程，在编制施工进度计划时一定要留有充分的余地。

4. 施工方法和施工机械

一般来说，采用先进的施工方法和先进的施工机械设备时施工进度会快一些。但是当施工单位开始使用这些新方法施工时，往往不会提高多少施工速度，有时甚至不如“老方法”速度快，这是因为施工单位对新的施工方法有一个从适应到熟练的过程。所以从施工进度控制的角度看，不宜在同一个工程同时采用过多的新技术（相对施工单位来讲是新的技术）。

如果在一项工程中必须同时采用多项新技术，那么最好的办法就是请研制这些新技术的科研单位到现场进行指导，进行新技术应用的试验和推广，这样不仅为这些科研成果的完善提供了现场试验的条件，也为提高施工质量、加快施工进度创造了良好条件，更重要的是使施工单位很快地掌握了这些新技术，大大提高了市场竞争力。

5. 施工组织与管理人员的素质

良好的施工组织管理，应既能有效地制止施工人员的一切不良行为，又能充分调动所有施工人员的积极性，有利于不同部门、不同工作的协调。对管理人员最基本的要求就是要有全局观念，即管理人员在处理问题时要符合整个系统的利益要求，在施工进度控制中就是指要符合施工总工期的要求。在西部地区某堆石坝施工过程中，施工单位管理人员在内部管理的某些问题上处理不当，导致工人怠工，从而影响工程进度。这时业主单位（当地政府主管部门）果断地采取经济措施，调动工人的积极性，在汛期到来之前将坝体填筑到了汛期挡水高度。还有一点要强调的是，作为施工管理人员，特别是施工单位的上层管理人员，无论何时都要将施工质量放在首要的地位。因为质量不合格的工程量是无效的工程量，质量不合格的工程是要进行返工或推倒重做的，所以工程质量必然会在不同程度上影响施工进度。

6. 合同与风险承担

这里所说的合同是指对工期要求的描述和对拖延工期处罚的约定。从业主方面讲，拖延工期的罚款数量应与上报工期引起的经济损失相一致，同时在招标时，工期要求应与标底价相协调。这里所说的风险是指可能影响施工进度的潜在因素及合同工期实现的可能性。

八、建筑工程进度优化管理

（一）建筑工程项目进度优化管理的意义

知道整个项目的持续时间，可以更好地计算管理成本，包括管理、监督和运行成本，可以使用施工进度来计算或肯定地检查投标估算，以投标价格提交投标表，从而向客户展示如何构建该项目。正确构建的施工进度计划可以通过不同的活动来实现，这个过程可以缩短或延长整个项目的持续时间。通过适当的资源调度，可以改变活动的顺序，延长或缩短持续时间，使资源的配置更加优化，这有助于降低资源需求并保持资源的连续性。

进度表可以显示团队的目标，以及何时必须完成这些目标，此外它还显示了团队必须遵循的路线。它提供了一系列的任务来指导项目经理和主管需要从事哪些活动，以及应该计划哪些活动。如果没有这一计划，施工单位可能不知道应当何时实现预定目标。施工进度计划提供了在项目工地上需要建筑材料的日期，可以用来监测分包商和供应商的进度。更为重要的是，进度表提供了施工进度是否按进度进行的反馈，以及项目是否能按时完成，当发现施工进度下降时，可以采取行动来提高施工效率。

（二）工程项目的成本与质量进度的优化

工程项目控制的三大目标即工程项目的质量、成本、进度，这三者之间相互影响、相互依赖。在满足规定成本、质量要求的同时使工程施工工期缩短，是项目进度控制的理想状态。在工程项目的实际管理中，工程项目管理人员要根据施工合同中要求的工期和要求的质量完成项目，与此同时工程项目管理人员也要控制项目的成本。

建筑工程项目在保证高质量、低成本的同时，又能够加快工程项目进度，这就需要工程管理人员能够有效地协调工程项目质量、成本和进度，尽可能达到工程项目质量、成本的要求，完成工程项目的进度。但是，在工程项目进度估算过程中会受到部分外来因素影响，产生与工程合同承诺不一致的特殊情况，这会导致项目进度难以依照计划进度进行。

因此，在实际的工程项目管理中，管理人员要结合实际情况与工程项目定量、定向的工程进度，对项目成本与工程质量约束下的工程工期进行理性的研究与分析，进而对有问题的工程进度及时采取有效的调整措施，以便达到工程项目的质量和实现项目成本中进度计划的优化。

（三）工程项目进度资源的总体优化

从建筑工程项目进度实现过程中施工所耗用的资源来看，只有尽可能节约资源和合理地对资源进行配置，才能实现建设项目工程总体的优化。因此，必须对工程项目中所涉及的工程资源、工程设备及工人进行总体优化。在建筑工程项目的进度中，只有对相关资源进行合理投入与配置，在一定的期限内限制资源的消耗，才能获得最大的经济效益与社会效益。

因此，工程施工人员就需要在项目进行的过程中坚持以下几点原则：①用最少的货币来衡量工程总耗用量；②合理有效地安排建筑工程项目需要的各种资源与各种结构；③要做到尽量节约，以及合理替代枯竭型和稀缺型资源；④在建筑工程项目的施工过程中，尽量均衡施工过程中的资源投入。

第二节　建筑项目质量影响因素

一、质量管理概述

质量管理是指在质量方面指挥和控制组织协调的活动。质量管理，通常包括制定质量方针和质量目标，以及质量策划、质量控制、质量保证和质量改进。

全面质量管理就是要把专业技术、经营管理和思想教育工作结合起来，建立从产品的研制设计到生产制造再到售后服务的一整套质量保证体系，从而用最经济的手段，生产出使用户满意的产品。其基本核心是强调提高人的工作质量，保证设计质量和制造质量，从而保证产品质量，达到全面提高企业和社会经济效益的目的。

（一）一切为用户着想

对于一个企业来说，“用户”是指因使用该企业的产品，而受到产品的某些质量影响的人。同时，从另一个角度来看，企业生产产品质量的优劣直接影响产品的价值能否在市场上顺利得到实现的问题。因此，企业需要把生产出保证用户满意的优质产品作为企业经营的出发点和归宿点。企业要增强责任感和事业心，坚持质量标准，从而使企业的最终产品满足用户的要求。

（二）一切凭数据说话

数据是质量管理的基础。离开了数据，就没有质量标准可言。生产过程是这样，管理过程也是这样，始终都要以数据为根据。靠数据说话，离不开对有关质量管理工作情况进行定量分析，以数据形式揭露质量问题和反映质量水平。全面质量管理是一种科学管理，它要求以数理统计为基础，运用数理统计和图表对大量数据进行整理和分析，找出影响产品质量的主要因素及各种因素之间的联系，掌握质量变化的规律，以便有针对性地采取有效措施，消除或预防质量偏差。用数据说话，这是区别科学管理与经验管理的主要界限。特别是企业的领导，要反对那些只凭经验和主观臆测，而不是用数据处理问题、解决问题的工作作风。那些“大概”“可能”“差不多”等诸如此类模棱两可的判断是有害的。

（三）一切以预防为主

质量是设计和制造出来的，不是靠检验把关得来的。对于已产生的废次品来说，检验并不能预防生产过程中废次品的产生。一旦产生废次品，就会造成原辅材料、设备、工时及其他费用的损失。而且在生产规模扩大，产量大幅度增长的情况下，单靠事后检验把关，即使是百分之百的检查，也不能保证废次品都被检出。所以，要求在废次品产生之前就能采取措施，做到事先预防。这就引进了对生产过程的人、设备、原材料、方法和环境五大因素的控制管理，要管因素而不是只管结果。

（四）一切按 PDCA 循环办事

PDCA 循环又叫戴明环，是美国质量管理专家爱德华兹·戴明（Edwards Deming）提出的，它是全面质量管理所应遵循的科学程序。PDCA 是由英语单词 plan（计划）、do（执行）、check（检查）和 act（行动或处理）的第一个字母组成的，PDCA 循环就是按照这样的顺序进行质量管理，并且是循环进行下去的科学程序。

P（计划）：方针和目标的确定及活动计划的制订。

D（执行）：具体运作，实现计划中的内容。

C（检查）：总结执行计划的结果，分清哪些对了、哪些错了，明确效果，找出问题。

A（处理）：对检查的结果进行处理，对成功的经验加以肯定，并予以标准化。对失败的教训也要总结，以免重现。对没有解决的问题，应提交给下一个 PDCA 循环中去解决。

二、建筑项目质量管理

（一）建筑工程质量

1. 建筑工程质量概念

建筑工程质量是指国家现行的有关法律、法规、技术标准、设计文件，以及合同中对建筑工程的安全、使用要求、经济技术标准、外观等特性的综合要求。质量管理是指为了达到建设工程质量要求而采取的作业技术和管理活动等。

2. 建筑工程质量的特点

与一般的产品质量相比，建筑工程质量具有影响因素多、隐蔽性强、终检局限性大、对社会环境影响大等特点。

（1）影响因素多

建筑工程项目从筹建开始到决策、设计、材料、机械、环境、施工工艺、管理制度及参建人员素质等均直接或间接地影响建筑工程质量，因此它具有影响因素多的特点。

（2）隐蔽性强、终检局限性大

目前，建筑工程存在一些隐蔽的质量问题，尽管表面上看质量很好，但是这时混凝土可能已经失去了强度，钢筋已经被锈蚀得完全失去了作用。诸如此类的建筑工程质量问题，在工程终检时是很难通过肉眼判断出来的，有时即使使用了检测仪器和工具，也不一定能准确地发现问题。

（3）对社会环境影响大

与建筑工程规划、设计、施工质量有密切联系的不仅有建筑的使用者，还有整个社会。建筑工程的质量直接影响人们的生产生活，而且影响社会可持续发展的环境，特别是有关绿化、环保和噪声等方面的问题。

（二）建筑工程标准

建筑工程标准是指对建筑工程的设计、施工方法和安全要求，以及有关工程建筑的技术术语、符号、代号和制图方法等所做的统一技术要求。工程质量管理必须按照建筑工程标准来开展和进行。建筑工程标准依其效力强度可分为强制性标准与推荐性标准，建设工程标准按适用范围可分为国家标准、行业标准及企业标准。

1. 强制性标准及推荐性标准

工程强制性标准是指直接涉及工程质量、安全、卫生及环境保护等方面的必须强制执行的工程标准条文，任何违反工程强制性标准的行为必须依法承担法律责任。在我国境内从事新建、扩建、改建等工程建设活动，必须执行工程建设强制性标准。

工程建设中拟采用的新技术、新工艺、新材料不符合现行强制性标准规定的，应当由拟采用单位提请建设单位组织专题技术论证，报批准标准的建设行政主管部门或国务院有关主管部门审定。工程建设中采用国际标准或国外标准现行强制性标准没有规定的，建设单位应当向国务院建设行政主管部门或国务院有关行政主管部门备案。

推荐性标准是指国家鼓励自愿采用的标准，推荐性标准具有示范指导作用，但不是必须适用标准。根据《中华人民共和国标准化法》的规定，推荐性标准只存在于国家标准及行业标准中，而不存在于推荐性地方标准和推荐性企业标准中。

2. 国家标准、行业标准及企业标准

根据《中华人民共和国建筑法》的规定，建设工程的标准分为国家标准、行业标准和企业标准三级。

（1）国家标准

国家标准是对全国经济技术发展有重大意义，需要在全国范围内统一适用的技术要求。国家标准分为强制性标准和推荐性标准。强制性标准的范围包括：工程建设的勘察、设计、施工及验收的技术要求，工程建设中有关安全、卫生、环境保护的技术要求，工程建设的术语、符号、代号、量与单位、建筑模数和制图方法，工程建设的试验、检验和评定方法，工程建设的信息技术要求，等等。除强制性标准以外的是推荐性标准。

（2）行业标准

行业标准是指由行业标准化主管机构或行业标准化组织发布的，在全国某一行业内统一适用的技术要求。根据《工程建设行业标准管理办法》规定，没有国家标准而需要在全国某个行业范围内统一的技术要求，可以制定行业标准。行业标准不得与国家标准相抵触。有关行业标准之间应当协调、统一，避免重复。行业标准在相应的国家标准实施后，应当及时修订或废止。行业标准也分为强制性标准与推荐性标准。

（3）企业标准

企业标准是企业自行制定的、适用于企业内部的标准。企业标准是技术水平等级最高的标准，对于国家标准及行业标准没有规定的内容，应当制定企业标准；对于已有国家标准及行业标准的内容，国家鼓励企业标准高于国家标准及行业标准，但不得低于国家标准及行业标准中的强制性标准。

（三）加强建筑工程质量管理的必要性

1. 加强建筑工程质量管理是科技发展的需要

质量管理是指企业为保证和提高工程质量，对各部门、各生产环节有关质量形成的活动，进行调查、组织、协调、控制、检验、统计和预测的管理方法。它是施工企业既经济又节约地生产符合质量要求工程项目的综合手段。随着生产技术水平的不断提高，社会化的大生产成为可能，传统的质量管理方式已经不能满足生产的需要，这对质量管理提出了更高的要求。随着科学技术的发展，质量管理已经越来越为人们所重视，并逐渐发展成为一门新兴的学科。

2. 加强建筑工程质量管理是市场竞争的需要

随着经济的发展，我国的建筑工程质量和服务质量的总体水平不断提高。一个企业要想在市场上站住脚，就要有好的质量做保证。从发展战略的高度来认识质量问题，质量已经关系到国家的命运、民族的未来；质量管理的水平已关系到行业的兴衰、企业的命运。

3. 加强施工质量管理是国家建设的要求

工程项目作为建设工程产品，投资和耗费的人工、材料、能源都相当大，投资者（业主）付出了巨大的投资，要求获得理想的、能够满足使用要求的产品，以期在规定时间内能发挥作用，为社会经济建设和物质文化生活需要做出贡献。工程质量影响国家建设的速度。工程质量差本身就是最大的浪费，而且会带来其他的间接损失，给国家和使用者造成的浪费、损失将会更大。因此，质量问题也影响着我国经济建设的速度。

三、建筑工程项目质量管理的影响因素

建筑工程是一项繁杂的项目，涉及的施工环节和内容繁多，其质量管理的影响因素也比较多，管控难度比较大。

（一）人力因素

人员是建筑工程质量管理与控制的核心，也是唯一一个具有自我意识和行为能力的管理因素，其管理的难度比较大，也最为关键。这主要是由于相关人员的综合素质关乎建筑工程质量，一般相应的管理工作就是要对他们的素质进行严格审查和管理，具体包括领导层的管理人员及施工层的施工人员，

对他们的职业素质和专业素质等素质进行详细的检查。

一方面，要做好建筑工程项目领导层管理人员及施工人员专业素质的管理和控制工作，确保管理人员可以制定出高质量的施工方案，施工人员可以做到持证上岗，具备相关方面的专业技能。另一方面，要加强管理人员和施工人员的职业素质管理和控制，增强他们的质量意识和责任意识，具体需要通过开展教育培训等管理活动来不断培养和提升他们的质量意识，必要时将建筑工程的质量和全体职工的切实利益有效结合，这样可以更好地提升他们工作的积极性和热情，确保建筑工程质量目标得以顺利实现。

（二）材料因素

建筑工程施工材料是建筑工程得以顺利开展的物质基础，其质量情况会对最终的建筑工程质量产生重要的影响，所以在实际的建筑工程中，需要对所用的各种材料质量进行严格管理和控制，具体可以从以下几个方面入手。

（1）在建筑材料购置的过程中，需要做好相应的质量管理和控制工作，即要在确保建筑材料规格和型号符合建筑工程使用要求的基础上，向相关的质量检验人员申报，待审核通过后方可引进建材。

（2）要做好建筑材料和建筑设备入场的质量管理和控制工作，具体需要严格按照规定的材料采购目录来对各种建筑材料的型号、类型、数量和质量等相关指标因素进行逐一检查，同时需要清点和存档各种与材料相关的图纸、资料、数据和测试结果，确保进入建筑工程现场材料的整体质量。

（3）在采购建筑材料的时候，需要做好入场之后的存储管理工作，避免各种建筑材料在储存过程中出现质量问题。比如，要做好钢材和水泥的防潮、防水工作等，避免出现不必要的经济损失。

（三）机器、设备因素

同建筑材料一样，施工机械设备也是影响建筑工程质量的重要因素，所以同样需要做好其管理与控制工作，具体需要做好如下几个方面的工作。

（1）要对建筑工程采购机械设备的型号、类型等相关数据进行仔细检查，将采购结果反馈给建筑工程中的质监部门进行校验，在审核通过后方可进行采购或者租用。

（2）要做好各种施工机械设备入场之前的性能和质量检查工作，确保所用施工机械设备的性能可以满足建筑工程的使用需求，具体包括型号、性能等相关指标。

（3）要做好各种施工机械设备的储存工作，定期对它们进行检修和维护，尤其是要做好施工之前的性能校验和施工完毕之后的检修和维护工作，确保它们可以始终保持良好的运行工作状态，避免因施工机械设备质量问题而影响建筑工程质量。

（四）方法因素

所谓的方法因素实际上就是建筑工程中所用的施工方法、施工技术，具体就是要做好建筑工程施工过程中，所用施工工艺、施工方案及检测技术等的管理与控制工作。这在建筑工程质量管理与控制过程中占据着至关重要的地位，实际上，只有确保这些建筑施工方法和施工技术得以有效执行，才能确保各项施工工序的质量。但是在进行施工技术控制的过程中，必须要做好相关技术资料清单的审查和记录工作，尤其是要注意做好各项技术工作，采用动态管理模式来管理各种建筑工程资料文件，确保施工方法、施工工艺和检测技术具有很强的操作性和合理性。

（五）环境因素

建筑工程本身具有不可移动、露天及工期长等特征，很容易受到外部自然天气和环境等的影响，如酷暑、风暴、暴雨、污染等均可能会对建筑工程的质量产生不利影响，所以要结合建筑工程所在地的实际环境特征和建设需求等情况，做好可能影响建筑工程质量环境因素的防范和控制工作。例如：在冰雹或者暴雨等恶劣天气下要停止露天施工；做好大风天气下各种高空机械设备的固定工作，避免因意外坠落而引发质量问题或者安全问题。另外，要注意做好建筑团队内部的文化建设工作，通过营造良好的工作环境和人文环境等来为建筑工程提供一个良好的施工环境，这样不仅有助于更好地实现建筑工程的质量目标，还有助于提升建筑工程效率，增加建筑工程质量效益、安全效益乃至生态效益，一举多得。

四、建筑工程项目施工阶段质量管理的重点工作

（一）工程项目的计划管理

工程项目的计划管理，是对项目预期目标运行筹划安排等一系列活动的总称。工程项目计划管理是项目管理的重要组成部分，它对工程项目的总体目标进行规划，对工程项目实施的各项活动进行周密的安排，系统地确定项目的任务、综合进度和完成任务所需的资源等。

工程项目计划管理的主要作用是为工程项目的决策提供更为详尽的论证和依据。工程项目计划过程是一个决策过程，尤其是大型工程项目综合性极强，往往涉及政治、经济和技术等诸多方面的决策问题，因而项目计划管理的作用，就是通过收集、整理和分析所掌握的信息，为项目决策人提供工程项目需不需要进行、有没有可能进行、怎样进行及可能达到的目标等一系列决策依据。项目计划是工程项目实施的指导性文件。

所有的建筑工程项目都必须有明确的项目目标和实施方案，而项目各项工作的开展，要以项目计划为依据，使工程项目在实施过程中有法可依、有据可查，以此来协调各项活动。因此，项目计划管理就是使整个工程项目的实施都在项目计划指导下进行。项目计划是实现项目目标的一种手段，通过计划管理使人力、材料、机械、资金等各种资源得到充分、有效的运用。在项目实施过程中，及时对各方面的活动进行协调，以达到质量优良、工期合理、造价较低的理想目标。

（二）工程项目的控制与协调

1. 工程项目的控制

工程项目控制是指管理者为实现项目目标，通过有效的监督手段及项目受控后的动态效应，不断改变项目控制状态以保证实现项目目标的综合管理过程。工程项目控制并非在项目实施阶段才开始，而是在项目酝酿、目标设

计阶段就已开始。在项目控制中主要运用下述基本控制理论。

（1）控制是一定主体为实现一定的目标而采取的一种行为。实现最优化控制必须满足两个条件：一是要有合格的控制主体；二是要有明确的控制目标。

（2）控制是按事先拟定的标准和计划进行的。控制活动就是要检查实际发生的情况与标准的偏差并加以纠正。

（3）控制的方法是检查、分析、监督、引导和纠正。

（4）控制是相对被控制系统而言的。既要对被控制系统进行全过程控制，又要对其所有要素进行全面控制。全过程控制有事先控制、事中控制和事后控制，要素控制包括人力、物力、财力、信息、技术、组织、时间、信誉等。

（5）控制是动态的。

（6）提倡主动控制，即在偏离发生之前预先分析偏离的可能性，采取预防措施，防止发生偏离。

（7）控制是一个大系统，包括组织、程序、手段、措施、目标和信息等若干个分系统。

2. 工程项目的协调

（1）人际关系的协调

人际关系的协调包括项目组织内部的人际关系，项目组织与关联单位的人际关系。人际关系的协调主要解决人员之间在工作中的联系和矛盾。

（2）组织关系的协调

组织关系的协调主要是解决项目组织内部的分工与配合问题。

（3）供求关系的协调

供求关系的协调包括工程项目实施中所需人力、资金、设备、材料、技术、信息等供应，主要通过协调解决供求平衡问题。

（4）配合关系的协调

配合关系的协调包括建设单位、设计单位、分包单位、供应单位、监理单位在配合关系上的协助和配合，以达到同心协力的目的。

（5）约束关系的协调

约束关系的协调主要是了解和遵守国家及地方在政策、法规、制度等方面的制约，获得执法部门的指导和许可。

（三）工程项目的风险管理

工程项目的风险管理就是指人们对工程项目潜在的意外损失进行识别、评估，并根据具体情况采取相应的措施进行处理，即尽可能有备无患或在无法避免时亦能寻求切实可行的补救措施，从而减少意外损失或进而使风险为我所用的工作过程。近年来，人们在工程项目管理中提出了全面风险管理的概念。全面风险管理是用系统的、动态的方法进行风险控制，以减少项目过程中的不确定性因素。它不仅使各层次的项目管理者能够建立风险意识、重视风险问题，防患于未然，而且使各层次的项目管理者能够在各阶段、各方面实施有效的风险控制，形成一个前后连贯的管理过程。

1. 项目全过程的风险管理

项目全面风险管理体现在对项目全过程的风险管理上，在项目目标设计阶段，就应对重大的风险进行预测，寻找目标实现过程中的风险和可能的困难。在可行性研究中，对风险的分析必须细化，进一步预测风险发生的可能性和规律性，同时必须研究各风险状况对项目目标的影响程度，即项目的敏感性分析。随着技术设计的深入，实施方案也逐步细化，项目的结构也逐渐清晰。项目结束后，要对整个项目的风险管理进行评价，以作为今后进行同类项目管理的经验和教训。

2. 对全部风险的管理

在每一阶段进行风险管理时都要罗列各种可能的风险，并将它们作为管理对象，不能有遗漏和疏忽。

3. 全方位的管理

要分析风险对各方面的影响，如对整个项目、对项目的各个方面的影响。采用的对策或措施也必须进行综合考虑，从合同、经济、组织、技术、管理等各个方面确定解决办法。风险管理包括风险识别、风险分析、风险文档管理、风险评价、风险控制等过程。

4. 全面的风险控制体系

在组织上全面落实风险控制责任，建立风险控制体系，将风险管理作为项目各层次管理人员的任务之一。

（四）工程项目的竣工验收与投产准备

工程项目竣工验收是基本建设程序的最后一个阶段，是全面检查合同执行情况、检验工程施工质量的重要环节。在此阶段，工程项目各参与主体的任务不同：对施工单位来讲，所承担的项目即将结束，并将转向或已经转向新的工程项目，所以其既要做好竣工项目的收尾工作，又要及时组织有关人员全面总结整个工程项目施工过程的得与失，进行项目管理评估，为新项目提供借鉴；对建设单位来讲，工程项目经过验收，交付使用，标志着投入的建设资金转化为使用价值，项目投入运营后，应该及时对前期投资效果进行评价。

竣工验收是全面考核建设工作，检查是否符合设计要求和工程质量的重要环节，对促进建设项目（工程）及时投产，发挥投资效果，总结建设经验有重要作用。

工程项目竣工验收是指建设工程项目竣工后开发建设单位会同设计、施工、设备供应单位及工程质量监督部门，对该项目是否符合规划设计要求，以及建筑施工和设备安装质量进行全面检验，取得竣工合格资料、数据和凭证。

第三节　建筑项目质量管理优化控制

一、质量控制中的注意事项

在我国的工程项目管理中十分重视质量管理，一再强调其重要性，许多先进的质量管理方法和手段也得到了广泛的推广。

（一）严格执行工程计划

工程项目管理不是追求最高的质量和最完美的工程，而是追求符合预定目标的、符合合同要求的工程。工程质量是按照工程使用功能的要求而设计的，它是经过与工期、费用优化后确定的，符合工程的整体效益目标。如果追求高质量就会损害其他两个目标，而最终会损害工程整体效益。无论谁提出变动工程质量，都一定要先顾及工期和费用优化这两个方面。

同时，在符合项目功能、工期和费用要求的情况下，又必须尽可能地提高质量，不出质量事故，保证一次性成功，通过质量管理避免或减少损失和错误。

（二）要减少重复的质量管理工作

具体的分部工程是由承包商、实施负责人完成的，这些企业或部门中应有专门从事生产和技术管理的人员，他们应有具体的质量管理工作。这些企业应有完备的质量管理系统，它是属于企业内部的领导、协调、计划、培训和组织的任务，实施负责人应负责这些工作，而项目管理者不必再具体地重复这些工作（除了发现重大问题），但必须监督各参加单位在他们负责的范围内用适当的措施、工具和方法来解决质量问题，当然也包括对实施中的质量管理工作提供帮助、解答，并积极介入，但如果存在质量问题，仍由实施者负责。实践证明，在许多大项目，特别是多层次承（分）包的项目中，质量管理的重复工作现象是普遍存在的，这将导致管理人员的浪费、费用的浪费、时间的延长和信息的泛滥。

（三）严格控制项目质量控制的深度

（1）对不同种类的项目、不同的项目部分，项目管理进行质量控制的深度不一样。例如，飞机和航空航天工程、核工程的质量控制对项目管理者来说比成本控制还重要，项目管理中必须设置专门的质量保证措施和组织。

（2）对一些项目中的特殊部分，如超平地面、超洁净车间，应有细致且严密的质量控制。

（3）有些项目，特别是国家项目，政府机关要介入质量管理，项目管理必须提供协调，如安排并协助检查、整理并提交报告等。

（4）对一些新的开发型研究项目，很少有现存的质量标准和管理方法，项目管理者必须找出新的质量管理方法，自己直接参与具体的质量管理。

（四）注意合同对质量管理的决定作用

一方面要利用合同对质量进行有效的控制，另一方面又要在合同范围内进行质量管理，超过合同范围会导致赔偿问题。

（1）合同中对质量要求的说明文件，如图纸、规范、工作量表等，应正确、清楚、详细、没有矛盾，应给各方面一个清晰的质量目标，应有定量化的、可执行的、可检查的指标，防止因质量问题发生争执。

（2）在合同中应规定承包商的质量责任，划分界限，赋予项目管理者质量检查权，并定义检查方法、手段及检查结果的处理方式。

（3）在合同中定义材料采购、图纸设计、工艺使用的认可和批准制度，即采购前先进行样品认可，图纸使用前先批准。

（五）其他问题

质量控制大多是技术性工作，如设计、实施方案、采购等，许多质量的统计方法、检测方法、分析方法实质上在很大程度上属于技术和技术管理问题。质量控制应着眼于质量控制程序的建立，质量、工期、成本目标的协调和平衡，质量保证体系的建立，工作监督、检查、跟踪、诊断等，以减少技术工作的错误和不完备性。这些工作都是技术工作有效性的保证。

质量控制的目标不是发现质量问题，而是应提前避免质量问题的发生。注意过去同类项目的经验和反面的教训，特别是过去的建设单位、设计单位、施工单位反映出来的对技术、质量有重大影响的关键性问题。

二、建筑工程项目中的质量控制

（一）工程项目设计阶段的质量控制

1. 设计质量控制及评定的依据

经国家决策部门批准的设计任务书，是项目设计阶段质量控制及评定的主要依据。而设计合同根据项目设计任务书规定的质量水平及标准，提出了工程项目的具体质量目标，因此设计合同是开展设计工作质量控制及评定的直接依据。

此外，以下各项资料也应作为设计质量控制及评定的依据。

（1）有关工程建设及质量管理方面的法律、法规

有关工程建设及质量管理方面的法律、法规是指有关城市规划、建设用地、市政管理、环境保护、三废治理、建筑工程质量监督等方面的法律、行政法规和部门规章，以及各地政府在本地区根据实际情况发布的地方法规和规章。

（2）相关的技术标准

相关的技术标准是指有关工程建设的技术标准，各种设计规范、规程、设计标准，以及有关设计参数的定额、指标等。

（3）相关的建筑设计报告

相关的建筑设计报告是指经批准的项目可行性研究报告、项目评估报告、项目选址报告。

（4）用地许可证

用地许可证是指有关建设主管部门核发的建设用地规划许可证。

（5）相关数据资料

相关数据资料主要是指反映项目建设过程，以及使用寿命周期的有关自然、技术、经济、社会协作等方面情况的数据资料。

2. 设计准备中的质量控制

设计准备是提高项目设计工作质量的必要步骤，是项目规划阶段工作内容的自然延续。

（1）设计纲要的编制

在设计准备阶段，掌握建设标准，编制设计纲要是确保设计质量的重要环节。因为设计纲要是确定工程项目的质量目标和水平、反映业主的意图、编制设计文件的主要依据，是决定工程项目成败的关键。若决策不当，导致设计纲要编制失误，就会造成很大的失误。为此，编制和审核设计纲要时，应对可行性报告进行充分研究、核实，保证设计纲要的内容建立在物质资源和外部建设条件的可靠基础上。

设计纲要的内容一般包括建设的目的和依据，建设的规模、产品方案和生产纲领，生产方法和工艺流程，矿产资源、水文、地质和原材料、燃料、动力、供水、供电、交通运输等协作配合条件，资源综合利用和“三废”治理的要求，建设地区和地点及占用土地的估算，防灾、抗灾等要求，建设工期，投资控制额，要求达到的经济效益和技术水平，等等。

对改建、扩建的大中型项目设计纲要，还应包括原有固定资产的利用程序和现有生产潜力的发挥情况。自筹资金的大、中型项目设计纲要，还应注明资金、材料、设备的来源，并附有同级财政和物资部门签署的意见。

（2）组织设计招标或方案竞选

这项工作是在提出初步勘察任务，取得初步勘察报告后进行的。设计招标和方案竞选都给设计工作引入了竞争机制。设计招标是通过优胜劣汰，选择中标者承担设计任务。而方案竞选则不牵涉中标签合同的问题，它只评选竞赛的名次，通过评选找出各参赛方案的优点，进而另行委托设计单位，综合各方案的优点，做出新的设计方案。两种竞争方式相比，后者比前者更灵活，费用也较低。因此，方案竞选通常更能为业主带来效益。

（3）签订设计合同

根据设计招标或方案竞选最后标准的设计方案，做好设计单位的选择工作，应对设计承包单位的资质进行审查认可，与其签订设计合同，并在合同中写明承包方的质量保证责任。如果设计承包单位需向其他单位委托设计分包，则还应对设计分包单位的资质进行审查和认可，提出详细勘察任务，协助签订勘察合同。当工程项目位于城市规划地域内、设计方案需向城市规划部门报批时，应注意督促设计单位及时办理方案报批手续，取得有关部门批准。

（二）工程项目施工阶段的质量控制

1. 施工阶段质量控制的程序

在施工阶段进行工程项目建设中，为了保证工程施工质量，监理工程师（业主）应对工程建设对象的施工生产进行全过程、全面的质量监督、检查与控制，即包括事前的各项施工准备工作质量控制、施工过程中的控制，以及各单项工程和整个工程项目完成后对建筑施工与安装产品质量的事后控制。同时，施工承包单位也应加强自己的内部质量管理，严格遵循质量控制的各道程序。

2. 施工阶段工序质量的控制

施工过程的质量控制是施工阶段工程质量控制的重点。施工过程是由一系列相互联系与制约的工序构成的，工序是人、材料、机械设备、施工方法和环境等因素对工程质量综合起作用的过程，所以对施工过程的质量监控，必须以工序质量控制为基础和核心，落实在各项工序的质量监控上。施工过程中质量控制的主要工作应当是以工序质量控制为核心，设置质量控制点，进行预控、严格质量检查和加强成品保护。

（1）工序质量监控的内容

工序质量监控主要包括以下两个方面的监控。

①工序活动条件的监控，主要是指对影响工序生产质量的各因素进行控制，换言之，就是要使工序活动能在良好的条件下进行，以确保工序产品的质量。工序活动条件的监控包括以下两个方面。

一方面是施工准备方面的控制。在施工前，应对影响工序质量的因素或条件进行监控。要控制的内容一般包括以下几项。

第一，人的因素，如施工操作者和有关人员是否符合上岗要求。

第二，材料因素，如材料质量是否符合标准，能否使用。

第三，施工机械设备的条件。例如：其规格、性能、数量能否满足要求，质量有无保障；拟采用的施工方法及工艺是否恰当，产品质量是否有保证。

第四，施工的环境条件是否良好。

这些因素或条件应当符合规定的要求或保持良好状态。

另一方面是施工过程中对工序活动条件的监控。在施工过程中，工序活动应是经过审查并认可的。

②工序活动效果的监控，主要反映在对工序产品质量性能特征指标的控制上，主要是指对工序活动的产品采取一定的检测手段进行检验，根据检验结果分析、判断该工序活动的质量（效果），从而实现对工序质量的控制。

（2）对工序活动实施跟踪的动态控制

工序活动质量的因素对工序质量产生的影响，可能表现为一种偶然的、随机的影响，也可能表现为一种系统性的影响。前者表现为工序产品的质量特征数据是以平均值为中心的，上下波动不定，呈随机性变化。此时的工序质量基本上是稳定的，质量数据波动是正常的。它是由工序活动过程中一些偶然的、不可避免的因素造成的，如所用材料上的微小差异、施工设备运行的正常振动、检验误差等。这种正常的波动一般对产品质量影响不大，在管理上是允许的。而后者则表现为在工序产品质量特征的数据方面出现异常的波动，其数据波动呈一定规律性或倾向性变化，如数值不断增大或减小、数据均大于（或小于）标准值，或呈周期性变化等。这种质量数据的异常波动通常是由系统性的因素造成的，如使用不合格的材料、施工机具设备严重磨损、违章操作、检验量具失准等。这种异常波动，在质量管理上是不允许的，应让施工单位采取措施将其消除。

因此，监理人员和施工管理者应当在整个工序活动中，连续地实施动态跟踪控制，通过对工序产品的抽样检验，判定其产品质量波动状态，若工序活动处于异常状态，则应查找出影响质量的原因，采取措施排除系统性因素的干扰，使工序活动恢复到正常状态，从而保证工序活动及其产品的质量。

结 束 语

结合目前我国技术创新发展的进度，较为先进的供热节能方式主要是利用热电冷联产，采用地表水及地热能等自然资源，是现今我国进行节能减排，提高系统经济效益的重要手段。除了采用自然资源进行运用调节，随着近年来计算机技术的不断发展与普及，计算机在供热工程上的运用，已逐步从设计和简单计算机辅助向智能式与交互式方向发展。

智能控制的供热系统方案与传统的供热系统方案有明显的区别，各个用户可以根据自己的需要选择采暖时间及进行室温调节。多热源联合供热系统的结构能够使处于同一供热网中的多热源相互配合，以适应供热负荷的不断变化，因而降低了运行费用并且提高了经济效益。

建筑项目管理尚存在信息技术运用水平比较低的问题，导致工程建设的信息使用率及有效率越来越低。与此同时，工程项目管理信息化进程比较缓慢的问题越发明显。因此，近年来，为了解决目前的工程项目管理效率低下问题，对信息化的建设和改革从法律和企业两个层面开始了发展。从立法的角度上来看，要想确保工程项目管理能够在良好的环境下进行开展，就需要我国政府建立一套完善的项目管理法律体系及责权结合的项目管理体系，并不断完善工程招标制度、项目法人责任制度、建筑工程监督制度等。从立法和执法的角度上来看，对违法违规现象应进行严格的查处。另外，在对一些信息化软件的建设和开发过程中，还需要积极地做好应用的推广与开发工作，政府相关部门应作为领头羊，实现行业通用标准的建设和确立，并让行业数据库能够得到较好的建设和发展。

参 考 文 献

[1] 李文侠. 建筑项目管理的进度控制措施 [J]. 居舍，2021（04）：136-137，139.

[2] 刘庆军，宋东彦，刘亚萍. BIM 技术在建筑项目管理中的应用解析 [J]. 甘肃科技，2020，36（21）：83-86.

[3] 何荣团. 建筑工程质量控制分析 [J]. 江西建材，2020（10）：146-147.

[4] 俞兆斌，马贵东，蒲学军，等. 新疆首个长输供热工程实施研究 [J]. 区域供热，2020（05）：55-65.

[5] 吕婧. 原生污水源热泵在供热工程中的设计与应用 [J]. 区域供热，2020（04）：155-158.

[6] 张鹏，岑康. BIM 在供热工程教学中的应用 [J]. 高教学刊，2020（23）：93-95.

[7] 李骥，徐伟，李建峰，等. 中深层地埋管供热技术综述及工程实测分析 [J]. 暖通空调，2020，50（08）：35-39.

[8] 王爽，蒋思思. 装配式建筑质量管理问题及应对策略研究 [J]. 四川水泥，2020（07）：196，199.

[9] 林永建. 绿色建筑项目管理模式及成本控制分析探讨 [J]. 陶瓷，2020（07）：138-141.

[10] 张阳，张国永，曹玉明，等. 供热工程全生命周期智能管理平台研究 [J]. 电力勘测设计，2020（S1）：205-210.

[11] 刘圣冠，乔磊，翟鹏程，等. 蓄热电锅炉供热技术及工程应用 [J]. 热力发电，2020，49（08）：91-96.

[12] 杨晓敏，李天，李涫宇，等. 对普通高校供热工程课程教学改革的探讨 [J]. 区域供热，2020（02）：142-145.

[13] 张永建. 基于思维导图构建供热工程知识体系研究 [J]. 中国多媒体与网络教学学报（上旬刊），2020（03）：86-87.

[14] 钟卫英. 协同管理在建筑项目管理中的应用分析 [J]. 北方建筑，2020，5（01）：81-84.

[15] 赖英琪. 建筑项目管理风险预防及解决方法 [J]. 建材与装饰，2020（01）：179-180.

[16] 盛佳，邱莹莹，刘婷婷. 基于 BIM 技术的绿色建筑项目管理影响要素研究 [J]. 黑河学院学报，2019，10（11）：87-89，99.

[17] 高杰. 装配式建筑项目管理风险及其防范 [J]. 江西建材，2019（08）：182-183.

[18] 张晋. 建筑项目管理中协同管理的运用实践 [J]. 中国新技术新产品，2019（14）：134-135.

[19] 李爽. 分析建筑项目管理风险预防及解决方法 [J]. 低碳世界，2019，9（05）：280-281.

[20] 韩二帅，张家护，鲁冰雪，等. 中深层地热能供热技术综述及工程实例 [J]. 区域供热，2019（02）：79-83，95.

[21] 齐卫雪，岳斌，荆剑. 浅谈太古长输管线集中供热工程自控系统 [J]. 区域供热，2019（02）：23-27.

[22] 翟雪莲. 基于供应链的装配式建筑项目管理研究 [J]. 门窗，2018（03）：223，225.

[23] 蓝东. 建筑项目管理的进度控制措施浅谈 [J]. 绿色环保建材，2017（12）：155，49.

[24] 尹鹏，李德英，曾喜平. 喷射泵在北方地区供热工程的应用与研究 [J]. 区域供热，2017（05）：87-91，125.

[25] 候云娟，钱新明，冯长根，等. 基于风险的化工园区供热工程布局优化 [J]. 安全与环境学报，2016，16（01）：152-157.

[26] 王平，姜益强. 水喷射器特性曲线及其在供热工程中的应用 [J]. 暖通空调，2014，44（02）：129-132.

[27] 鲁兵. 建筑项目管理中的成本控制研究 [J]. 科技视界，2013（32）：130，203.

[28] 付林，孙健，李岩，等. 山西大同一电厂基于吸收式换热的热电联产集中供热系统工程测试 [J]. 区域供热，2013（03）：10-15，27.

[29] 冯延业. 分析建筑项目管理发展新趋势 [J]. 江西建材，2013（01）：267-268.

[30] 张仕廉，王朝健，宋义辉，等. 低碳建筑项目管理模式研究 [J]. 科技进步与对策，2011，28（13）：144-147.

[31] 张世钢，付林，李世一，等. 赤峰市基于吸收式换热的热电联产集中供热示范工程 [J]. 暖通空调，2010，40（11）：71-75.

[32] 丛颖，张冰瑶. 供热工程能耗分析 [J]. 区域供热，2008（04）：55-58.

[33] 黄定轩，尤建新，杜波. 基于收益－风险的建筑项目管理模式分析 [J]. 同济大学学报（自然科学版），2007（12）：1718-1723.